U0631030

静心

不生气，你就赢了

席昆◎编著

成都地图出版社

图书在版编目 (CIP) 数据

静心：不生气，你就赢了 / 席昆编著 . —成都：成都
地图出版社有限公司 , 2024.2
ISBN 978-7-5557-2399-8

Ⅰ.①静… Ⅱ.①席… Ⅲ.①情绪—自我控制—通俗读物
Ⅳ.① B842.6-49

中国国家版本馆 CIP 数据核字 (2024) 第 028205 号

静心：不生气，你就赢了
JINGXIN：BUSHENGQI，NI JIU YINGLE

编　　著：席　昆
责任编辑：赖红英
封面设计：春浅浅
出版发行：成都地图出版社有限公司
地　　址：成都市龙泉驿区建设路 2 号
邮政编码：610100
印　　刷：三河市众誉天成印务有限公司
开　　本：710mm×1000mm　　1/16
印　　张：11
字　　数：136 千字
版　　次：2024 年 2 月第 1 版
印　　次：2024 年 2 月第 1 次印刷
定　　价：49.80 元
书　　号：ISBN 978-7-5557-2399-8

前　言

　　水平静了不仅可以照人影，还可以做木匠"定平"的水平仪。俗话说"心平似镜"，人的心境如果平静了，就能鉴照天地的精微，甚至还可以明察万物的奥妙。

　　赏花以含苞待放时为最美，喝酒以喝到略带醉意为适宜。这种花半开和酒半醉含有极高妙的境界。反之，花已盛开而酒已烂醉，那不但大煞风景，而且醉酒还会让人活受罪。

　　恬静的心境常让人反思自己，这往往有利于增进自己的智慧；智慧增进能让人更通透，所以智慧又能促进人心境的恬静。智慧与恬静交相涵养促进，和顺之气便从本性中流露出来。真正的智者从不叽叽喳喳地表现自己，让自己智慧的锋芒外露。而那些缺少智慧的人总是闹哄哄的，用大叫

1

大嚷表现自己，好似怕一静下来这个世界便把他忘了。

满罐子水不晃荡，默默无声；半罐子水荡到半空中，扑通扑通地响个不停。智慧老人像风平浪静时的大海，沉静而又渊博；浅薄之徒像快要干涸的小溪，走到哪里都喧哗不停。

试想：一个人，找一处安静的地方，或许是一棵树下，或许是一汪水边，静坐一会儿，让心平静下来，是不是会有一种久违的幸福感呢？在这个浮躁的时代里，唯有做一个心静的人，懂得选择，学会放弃，经得住诱惑，耐得住寂寞，才能获得内心的笃定和超然，幸福也会悄然降临。

要学会静心，这样才能看得更清。紧张时静静心，你会拥有一份从容和镇定；愤怒时静静心，你便能和风细雨地化解矛盾；疲惫时静静心，你会更有信心地走好未来的路；得意时静静心，你会发现现在的成功实在微不足道；失意时静静心，你会发现自己其实有很多优点……

目录

CONTENTS

越是艰难处，越是修心时

心静如水，你的焦虑毫无意义

爱与感恩，
让心灵宁静祥和

静心前行，
用理智控制情绪

Part

1

不是世界太喧囂，
而是你的心不靜

人生如水，学会沉淀

一口井，经历了暴雨的洗礼，井水依然清澈，原因在于它懂得沉淀。沉淀是一种人生智慧，因为沉淀能让浮躁的心变得宁静，进而能让生活变得更悠然。因此，我们要学会沉淀，要懂得沉淀自己的内心，让"清者上扬，浊者沉淀"。

一个书生，做事急功近利，时常为了一件事情忙得心力交瘁，却总是距成功差一步。为此，他感到很痛苦，于是他找到镇上的智者诉说自己的痛苦。智者听了书生的叙述，把他带到了一间破旧的小屋里，屋里的桌上放着一杯水。智者微笑着对书生说："你看看这杯水，在这里放了这么久了，几乎每天都有灰尘落进水里，但是水面依然澄明。你知道是什么原因吗？"

书生仔细观察了一会儿，说："因为灰尘都沉下去了。"

智者满意地点点头，说："年轻人，人生就如同这杯水，懂得沉淀，才能让水变得澄澈。内心不够平静，就如杯子不停地晃动，水会变得浑浊一样，人生自然会变得比较痛苦。当你因为一件事情忙碌却没有结果的时候，记住让自己沉淀下来，反省自己，找找自己失败的原因。切记不要因此而变得浮躁。要知道，人在浮躁的时候，思考的能力也在降低。人生，如同这杯水，要学会平静地接纳，遇事不浮躁，才能保持澄明。"

　　生活中，有的人内心浮躁，有的人内心宁静。那些内心浮躁的人，总是很难过上自己想要的生活，无法成就自己的人生。而那些内心宁静的人，无论在怎样的境遇中，都能冷静地看待周围的人和事，淡然地面对人生的起伏。他们的人生并不是一帆风顺，却总能做到悠然自得，其实不是他们的世界本身宁静，而是他们的内心始终没有浮躁。他们总能在浮华的生活中沉淀自己，无论落入多少灰尘，都不被他们放在心上，所以生活能保持清澈。

　　众所周知，世界著名的英国生物学家达尔文是进化论的奠基人。年轻时的达尔文，是个"游手好闲"的纨绔子弟。1828 年，父亲将他送到剑桥大学学习神学。因为他的父亲觉得对于一个游手好闲的人而言，牧师是最适合的职业，既有丰厚的待遇，也有很高的社会地位，最重要的是有许多可以自己支配的时间。

父亲安排的牧师职业确实有着很大的吸引力，但是，达尔文对博物学和自然学非常感兴趣，因而希望继续从事博物研究。在剑桥期间，达尔文结识了著名植物学家和地质学家，还接受了植物学和地质学研究的科学训练。1831 年，从剑桥大学毕业后的达尔文放弃了牧师职业，参加了"小猎犬号"的环球考察。无论面对怎样的困境，他始终坚持着自己的理想，不放弃，不浮躁，保持宁静。在漫长的科考过程中，他不受外界的影响，不受任何困难、烦恼的影响，始终专注于自己的事业。每到一处，他不辞劳苦，采集动植物的标本，记载新物种。

经过 5 年的环球考察，他积累了丰富的资料。此后又经过多年的潜心研究，终于在 1859 年出版了科学巨著《物种起源》，在当时的生物界引起了极大的轰动。

达尔文为生物学作出了巨大贡献，这一切都归功于他的不浮躁。

生活中，成功总是属于那些懂得沉淀的人。我们的一生要面临无数的诱惑和挫折，如若能够沉淀内心，始终坚持自己的人生路，那么，生活会因此变得轻松，成功也会如期而至。

不懂得沉淀的人，内心难以获得真正的宁静，也得不到真正的快乐。他们被各种事物诱惑，不停地追逐不同的目标，结果总是事事差一步，烦恼和痛苦也由此而生。这些烦恼和痛苦又会加深浮躁的情绪，如此循环往复，人生必然疲惫不堪。

其实，真正让我们疲惫的不是生活，而是我们的内心。当我们感到疲惫时，不如让自己的心沉淀下来，就像河里的水，当无法载动鹅卵石时，就让它们沉淀在河底，自己依然潇洒地向前流去。人生也应该如水，学会沉淀，才会澄明清澈；学会放下一些东西，才能潇洒向前。

用希望战胜浮躁，收获淡定

这世上的一切都是因为希望而改变的。无论我们面对什么困境，遭遇怎样的失败，都不意味着世界末日的来临。世界上没有真正的绝境，所以无论面对何种情况，我们都要让自己的心安于希望之中。

有希望的人生，就不会受绝望的困扰，即使遭遇困难、失败，也能淡然面对。

人活在世界上，难免会陷入困境。陷入困境时，很多人以为没希望了，就产生了失落、悲伤、烦躁、绝望这些情绪。然而另一些人，面对困境，仍然会给自己一个希望，从而保持内心的平静，淡然地看待眼前的困难。这样的人往往能很快走出困境。

从前，有一对相依为命的盲人父子，每日靠弹琴卖艺维持生计。

一天，父亲支撑不住病倒了。他知道儿子未经世事，遇事容易急躁、悲观，如果儿子一直被这些浮躁的情绪困扰的话，会活得非常不幸福。自知将不久于人世的他决定给儿子留下一点希望。

这天，他把儿子叫到床头，紧紧拉着儿子的手吃力地说："孩子，我这里有个秘方，它可以使你重见光明。我已经把它藏在琴里面了，不过你一定要记住，必须弹断第2000根琴弦后才能把它取出来，否则，你是不会重见光明的。"儿子流着泪答应了父亲。不久之后，父亲便含笑离世。

父亲去世后，儿子很难过，但是父亲给他的秘方成为他的希望。这个希望让他强忍悲伤和难过，静下心来，每天不停地弹啊弹。他弹断的琴弦日益增多。

当弹断第 2000 根琴弦的时候，当年那个弱不禁风的少年已经成了一位享有盛誉的演奏家。他按捺不住内心的喜悦，用颤抖的双手，慢慢地打开琴盒，取出秘方，叫别人念给他听。可是，那人却告诉他，那秘方只不过是一张白纸而已。但是，他却笑了。

父亲的无字秘方就是希望，正是这份希望支撑着他走出了困境，走过了数十年的时光。无论在什么时候，只要有希望，他就能让自己的心安定下来，把悲伤、沮丧、绝望、烦躁等让人浮躁的情绪抛开，专心弹琴，最

终成为享有盛誉的演奏家。

当今社会急剧变化，在面对一些困境的时候，人们常常心浮气躁，抱怨生活，感到世界一片黑暗，不知道该怎么办，心里恐慌，对未来没有一点儿信心。其实无论处境多么艰难，只要我们不丧失信心，不心生浮躁，守住内心的希望，就一定会有拨开云雾之时。把心安放在希望之中，才能在逆境中保持淡定从容，轻松行走于人生的旅途。

用宁静来引导生活

在生活和工作中，要尽量做到在简单和宁静中体验心灵的丰盈和充实，并保持从容淡定的心态，以远离浮躁和烦闷，进而让生活悠然。

当今世界，世事变化的速度越来越快，人们工作和生活的节奏也变得越来越快。产品要出得快，不快就赶不上市场了；升职要快，不快就老了……在这种工作和生活节奏中，浮躁似乎成为一种必然的趋势，而从容淡定成为一种奢望，一种难以达到的境界。

从容为何变得困难？这是因为一个人过于看重外在的荣辱得失，因此内心变得浮躁。不要把同事的倾轧、业绩的失败、人际的纠纷、老板的冷遇等事情看成是天大的事情，因为这些在人生旅途中，实在微不足道。即使遭遇像被降职、被解雇这样的重创，如果你在心理上早有准备，那么当这些挫折降临在你身上的时候，你也能从容应对，找到解决困难和挫折的办法，甚至可以淡定地把这些挫折和失败，当成是人生的转折、转机，而不会因此变得浮躁。

在现代社会中，竞争无处不在。真正看淡得失的人毕竟很少，功利和名誉对于大多数人来说，或多或少都具有诱惑。但是一个真正聪明的人，在名利问题上是能够拿得起放得下的。他们不为名利所困扰和羁绊，不让自己成为名利的囚徒。

庄子曾在《逍遥游》中讲了这样一则寓言：

尧想把天下让给许由，说："日月都出来了，而火把还不熄灭，偏要同日月比光辉，不是很难吗？及时雨降下了，还要浇灌田地，对于滋润禾苗，不是徒劳吗？先生在位，天下便可安定，而我现在却占着这个位置，觉得非常惭愧，请容我将天下让给你。"许由却说："你已经将天下治理得很安定了。而我如果代替你，为图名或是求高位吗？小鸟在森林里筑巢，所需不过一枝；鼹鼠到河里饮水，所需不过满腹。我要天下做什么呢？请你回去吧。"

许由不接受王位，而隐居山林之中，他不为名利所累，称得上是贤人。这份看淡名利的从容与淡定，值得人们钦敬。

名利之心人皆有之，这很正常。问题的关键在于人们能不能有效自控。不把名利看得太重，用一种"得之我幸，失之我命"的从容态度对待名利，就不会被它束缚，也不会让它扰乱内心的宁静。正如古人云：求名之心过盛必作伪，利欲之心过剩则偏执。

两千多年前，老子清醒地认识到人类贪婪自私的弱点。通过对名誉、财富及得失等问题的追问和思考，他得出一个结论：过分的贪婪必定会付出沉重的代价，过多的拥有必定导致更多的失去。他说："夫唯不争，故天下莫能与之争。"这句话就是说，一个人内心宁静，无所欲求，所以总是能够立于不败之地。

在名和利面前，人们常常无法让自己保持宁静的心态，往往心生浮躁，甚至为名利心力交瘁，生活的压抑也就来源于此。在名与利、得与失上，每个人都应该时刻保持清醒的头脑，让自己拥有一颗从容淡定的心，只有这样，才可以"知足不辱，知止不殆"，才能还自己一个轻松自在的生活。

如果能保持内心从容淡定，意味着你是一个冷静的现实主义者，不对世界、社会和他人抱有不切实际的期望。公正永远是相对的，永远没有完美的现实，有的只是庸碌凡俗的世人，以及随时可能会"裂变""霉变"的脆弱人性……当你能认识到这些，再遇到不公正、被误解或感到委屈时，你就不会伤心，也不会怨天尤人，更不会自暴自弃，而是会咬紧牙关，苦练内功，去等待和寻找胜出的机会。

漫漫红尘中，或许有着太多的诱惑、漠然、隔膜及苍凉，一个人需要以清醒的心智和从容的步伐走过岁月，需要用平静的心态去努力地工作，不要让自己成为物质生活的奴隶，更不要受太多外界事物的诱惑。这样的话，即使不是很成功，生活也同样是幸福的。

所以，让自己的心保持一份淡泊，用宁静来引导生活，只有这样，才能无论面对什么事情都不浮躁，悠然的生活才会始终与你相伴。

顺其自然，超然人生

　　世上万事万物都有始有终，生是我们的开始，死是我们的结束。发落齿疏，生老病死，鸟吟花开，这些都是生命进程中的自然规律，是必然要发生的，而且是不以人的意志为转移的。

达尔文的进化论中有一个重要论断，叫"适者生存"。"适者"是"适"什么呢？无疑是环境，也是自然规律。适应自然的，就能够生存下来；相反，就会遭到淘汰。

所以，无论发生了什么，无论做任何事情，都要适应环境，合乎自然，顺其原本，这样才能减少碰壁。

生活中很多事情，大到安邦，小到做文章，皆是一个理：顺之者昌，逆之者亡；优胜劣汰，适者生存。有时只要顺其自然，便可"曲径通幽处"，这就是所谓看似糊涂无为的"智慧人生"的处世哲学。

顺其原本，超然人生，并非自恃清高，不食人间烟火。要真正达到佛家的"四大皆空""六根清净"是很难的，即使按照清规戒律苦苦修行，也未必能成正果。欲望不可强禁，强禁的结果只能使人性扭曲、变形。这里所谓"顺其原本"，就是顺乎人性、人道。

这就好像我们找对象，找什么样的呢？永远会有条件更好的人出现，但这个人不见得就适合自己，所以要全面衡量，找一个最适合自己的人，而不一定是找最优秀的那个人。

比如，一对很恩爱的恋人，却因为双方父母的问题，不能成为夫妻；又比如，一方很爱对方，对方却爱着别人；又比如，在咖啡厅偶然碰到一个心仪的人，却因为太匆忙而没有留下联系电话。

这些都是错过的美丽风景，也许有人会因此很伤心，其实，大可不必。因为这就是命运，就是自然，是人的境遇而已。错过花，或许能收获雨；放下错过的伤痛，或许收获的是更多的快乐。

人生是需要常常面临选择与放弃的，不放下过去的伤痛，就永远无法获得新的快乐；不埋葬掉旧的记忆，就无法尝试新的开始。当然，你有所选择，也会有所失去。大自然的法则就是如此。

所以，人们不要去强求不属于自己的东西，要学会顺其自然。违背自然规律去办事或者生活，就会步步艰难。而学会顺应自然规律，顺应环境，就会更得心应手，一路坦途。

心静才能体会自然的真味

水平静了不仅可以照人影，也可以做木匠"定平"的水平仪。俗话说"心平似镜"，人的心如果平静了，就像镜子一样能鉴照天地的精微，甚至还可以明察万物的奥妙。

东坡居士苏轼游览庐山时与兴龙寺住持常聪和尚言谈甚为投机，夜深了还在烛前论"无情说法"，即山水树木等无情之物也会说"法"。黎明之际，苏轼豁然觉悟，呈上一诗偈："溪声便是广长舌，山色岂非清净身；夜来八万四千偈，他日如何举似人。"意思是，溪流之声便是佛尊绝妙地说"法"，水光山色即是佛的清净真身。今夜无数偈文的真义，今后我怎样才能告诉他人呢？（有八万四千偈那么多的妙谛，我们应好好地领会，再传播给别人。）

道元也说过："山色谷响悉皆释尊的声姿。"雪堂寺的行脚和尚看过东坡的诗偈后，认为"尽是""无非""夜来""他日"八字多余，宜删削之。白隐禅师的师父正受老人更有过之："广长舌、清净身都是多笔，仅溪声、山色就可以了。"白隐有一首著名的歌偈"坐林中古寺，听拂晓雪声"，其旨意皆与东坡居士同。

赏花以含苞待放时为最美，喝酒以喝到略带醉意为适宜。这种花半开和酒半醉含有极高妙的境界。反之，花已盛开而酒已烂醉，那不但大煞风景而且醉酒还会让人活受罪。

为人处世切忌过之，天道忌盈，人事惧满，月盈则亏，花开则谢，这些都是天理循环的规律，也是处世之道。《列子·仲尼》中有段精辟的比喻："眼睛将要失明的人，先看到极远、极微小的细毛；耳朵将要聋的人，先听到极细弱的蚊子飞鸣声；嘴巴将要失掉味觉的人，先能辨别雨水滋味的差别；鼻子将要失掉嗅觉的人，先嗅到极淡的气味；身体将要僵硬的人，先急于奔跑；心将糊涂的人，先明辨是非。所以事物不到极点，不会回到它的反面。"

恬静的心境常让人反思自己，这往往有利于增进自己的智慧；智慧增进能让人更通透，所以智慧又能促进人心境的恬静。智慧与恬静交相涵养促进，和顺之气便从本性中流露出来。真正的智者从不叽叽喳喳地表现自己，让自己智慧的锋芒外露。而那些缺少智慧的人总是闹哄哄的，用大叫大嚷表现自己，好似怕一静下来这个世界便把他忘了。

满罐子水不晃荡，默默无声；半罐子水荡到半空中，扑通扑通地响个不停。智慧老人像风平浪静时的大海，沉静而又渊博；浅薄之徒像快要干涸的小溪，走到哪里都喧哗不停。

只有静才能获得真理，"万物静观皆自得"，这恰如一汪清澈的湖水，只有平静时，才能映出周围群山的倒影。如果水波涌动奔腾，那就只能听到奔涌的响声，却映不出天上的星月和地上的山峰。同样，只有静才能涵养自己的心智，浮躁不安只能使自己变得荒疏浅陋。只有心静才可以耐得住寂寞，才能体会到自然的真趣。

以一颗平和的心笑对一切

"采菊东篱下，悠然见南山"，这是恬淡的心境，是淡泊的心态。人们只有保持心境的平和，才能体味到内心的真实和生活的幸福。

元坤在别人眼里是个典型的成功人士。然而，让人纳闷的是，他并没有像其他老板那样，整天忙得飞来飞去，一年半载见不着人影。他看上去很悠闲，每天不但准时上下班，傍晚时分还会带着孩子，推着瘫痪的母亲在小区散步。除此之外，元坤每周还会和爱人到健身房锻炼 3 次，每年全家还会外出旅行一两次。即便这样，元坤的公司还是越做越大。

在他人疑惑之时，元坤说："别看我上班时间少，休息时间多，但在上班时间，我的头脑很清醒，思路很清晰，所以工作效率很高。其实，这都得益于我恬淡、平和的心态。只有心态平和，头脑才能愈加清晰，公司的发展方向我也就把握得越准。"

在快节奏的社会中，事很多、人很忙，很多人都恨不得会分身术，一天能有 25 个小时或者更多时间去忙自己的事。于是，很多人的生活节奏变得越来越快，结果顾不上家庭，熬坏了身体。

也许你最后功成名就了，但在这个过程中，失去的不仅仅是时间，还有家庭的温馨、宝贵的健康，同时也失去了内心的宁静和平和。失去了这些，即使获得再大的成功也不能算真正的成功，更谈不上幸福和快乐。

追求功名并没有错，但是人们在这个过程中往往会忘记很多重要的东西，比如，家人、感情、健康等。而被人们忽略的这些，不仅能给人们带来喜悦、感动和超脱，还会使人们内心富足，不为事业的忙碌所累，达到"暮色苍茫看劲松，乱云飞渡仍从容"，才能于繁杂事务中保持清醒。

所以，我们需要把得失看得淡一些、轻一些，这样我们才能收获到更重要的东西。例如，不妨把财富看淡一些，多陪陪家人，多锻炼身体，这样我们才会多收获些幸福，多收获些健康。这样，人生不是更有趣，生活质量不是更高吗？

那么，我们应如何调适心态以保持恬淡、平和呢？

1. 淡泊以明志

古代养生家嵇康说："清虚静泰，少私寡欲。"这是在告诫我们，不要贪图功名利禄，要心胸开朗、清心寡欲，保持愉快的情绪，自然会身心健康，生活幸福。

2. 忘记该忘记的

如果人一直背负着个人的恩怨、坎坷的经历、烦心的事情，那么他很快就会不堪重负。学会忘记，放下这些羁绊我们轻松前行的人和事，让心中无牵无挂，生活才能悠然自得。

3. 有时不妨自嘲一下

自嘲，既能使不满的情绪得到缓解，也能使我们更加清醒地认识到自己的不足，从而以更加平和的心态去为人处世。在遇到尴尬和难堪时，风趣生动的自嘲，也可以帮助我们摆脱当前的困境。

宠辱不惊的巨大力量

《小窗幽记》当中有这么一副对联："宠辱不惊，闲看庭前花开花落；去留无意，漫随天外云卷云舒。"一副寥寥数语的对联，却深刻地道出了人生对事对物、对名对利所应该持有的态度：得之不喜、失之不忧、宠辱不惊、去留无意，做到了如此，才能够心境平和、淡泊自然。一个"闲看庭前"，大有"躲进小楼成一统，管他春夏与秋冬"之意；而"漫随天外"则显示不与他人一般见识的博大情怀；"云卷云舒"更有大丈夫能屈能伸的崇高境界。与范仲淹的"不以物喜、不以己悲"实在是有异曲同工之妙，表现出了古人的旷达风流。

宠辱不惊，可谓一门生活的艺术，同时更是一种明智的处世智慧。人生在世，褒贬、毁誉、荣辱，是人生的寻常际遇，不足为奇。古人云："君子坦荡荡。"为君子者，宠亦坦然、辱亦坦然，豁达大度，一笑置之。得人宠信时勿轻狂，千万不要忘记"贺者在门，吊者在闾"；受人侮辱时切忌激愤，犹记"吊者在门，贺者在闾"。如此清醒地去面对荣辱，就不难达到"不以物喜、不以己悲"的境界了。达到这样境界的人就能够从容地面对生活和事业的种种考验与磨难。

古往今来的大量事实证明：那些事业有所成就的人，没有一个不是具有"宠辱不惊"这种极其可贵的品格的。

　　范仲淹是北宋时期著名的政治家，是"庆历新政"的代表人物。正因为他谨守"先天下之忧而忧，后天下之乐而乐"的人生宗旨，在他被贬谪邓州之时，他才能够做到从容处之，即"心旷神怡，宠辱皆忘，把酒临风，其喜洋洋"。从范仲淹的这句话里，不难窥见一种自尊自强的人格魅力，一种淡泊名利的洒脱与机智。

　　19 世纪中叶，美国的实业家菲尔德率领着他的船员和工程师们，利用海底电缆把"欧美两个大陆联结起来"。菲尔德从此便被誉为"两个世界的统一者"。可是由于技术故障，接通的电缆刚开始传送信号便中断，这时人们的赞辞颂语就变成了愤怒的狂涛，纷纷指责菲尔德是"骗子"。面对"宠辱逆差"，菲尔德泰然自若，一如既往地坚持自己的事业。经过 6 年的努力，海底电缆最终成为欧美大陆的信息之桥。宠也自然，辱也自然，专心做好自己的事，最终否极泰来，菲尔德之所以成为菲尔德，原因也就在于此。

其实，人生在世，大可不必把别人的态度太当回事，不必因上司的一个神色"口将言而嗫嚅"，也不必因老板的一个眼神"足将进而趑趄"。如果你因失宠于某人而自暴自弃，或者因受辱于某人而自怨自艾，甚或由此而做出种种极端的举动，是不是目光太短浅了些，胸怀太狭隘了些呢？人生在世，对于任何事情都应当拿得起、放得下、想得开。每临荣辱有静气，如果达到了这种境界，人的精神天地才能够开阔浩渺、气象万千、生机勃发、情趣盎然。人们太在意加在自己身上的荣辱，实际上是一种自我陶醉与自我折磨。所以，看得轻，才能放得下。

一些得势之人，往往得意忘形。要明白，生命的顶峰永远在高处，不应因一时得势而忘乎所以。还有一些人，生活不够顺畅便天天抱怨。何必这样呢？其实人生就如同爬山一样，跌倒了何必哭，腿还在、山还在，何不重新起步？学会如何平心静气地面对荣辱，实在是人生的最高境界。

不过，宠辱不惊、去留无意说起来容易，做起来却十分困难。世界的多姿多彩实在令人心动，名利皆你我所欲，又怎么能够不忧不惧、不喜不悲呢？否则也就不会有那么多的人穷尽一生追名逐利，更不会有那么多的人因此而失魂落魄、心灰意冷了。

宠辱不惊的关键是你如何对待与处理问题。首先，要明确自己的生存价值，"由来功名输勋烈，心底无私天地宽"。如果心里面没有过多私欲的话，又怎么会患得患失呢？其次，要能够认清楚自己所要走的路，得之不喜，失之不忧，不要过分在意得失，不要过分看重成败，不要过分在乎别人对你的看法。只要自己努力过，只要自己曾经奋斗过，做自己喜欢做的事，按自己的路去走，外界的评说又算得了什么呢？东晋陶渊明之所以能如此豁达，就在于他淡泊名利，不以物喜、不以己悲，才可以用宁静平和的心境写出那些洒脱飘逸的诗篇。这正可谓真正的宠辱不惊、去留无意。

有一位年轻人，是初中数学教师，他的课讲得非常好，因此，他在学校的学生和教师当中的威信非常高。但与他年龄相仿的教师，有好几位已陆续提升为校长和教导主任，然而他却并没有得到提升。有人问他有没有感到不公，他平静地说："我并没有为此而感到不公平，教书是自己所长，当领导是他们所长。当领导受人尊重，教好书同样受人尊重。所以，如果我弃长就短，即使当了领导也当不好，反而让别人瞧不起。"

的确，做人就是要认识自己，相信自己，踏踏实实地走自己的路。要具备一颗平常心，做好每天应该做的每一件事，学会享受生活，享受做好每一件事所带来的快乐与成就感，这样就会有良好的心态和足够的力量来迎接可能到来的荣与辱。

"君子坦荡荡，小人长戚戚。"这是心怀恬淡，有所为，也有所不为，不仅要保持独立的操守，又有和光同尘、知足不辱的人生状态。

Part

不着急，慢慢来，一切都来得及

别让自己活得太累

　　"生活真是太累了！"常听一些人喊出这样的话。其实，说生活太累的人是自己活得太累了。

　　在生活中，面对各种各样不合自己心意的事，与各种各样和自己性格不相同的人相处，你会采取什么样的态度呢？是坦然、磊落、轻松地对待，还是谨小慎微，抬头怕顶破天，走路怕踩到蚂蚁呢？需要告诉大家的是，不要让自己长期生活在紧张、压抑之中，不要让自己的神经绷得太紧，别让自己活得那么累。必要的时候，多放松一下自己，让自己更轻松自在地活着。

　　生活是公平的，没有绝对的幸运儿，更没有彻底的倒霉鬼。你有这样的不幸，他也有那样的烦心事；别人通过努力能为自己争得好机会，你通过努力也可以。所以，千万别认为自己过得很悲惨，更不要把自己缠绕在自己织的悲观的网中，挣扎不出来。

　　感觉生活太累的人一般都是一些太过谨小慎微者。他们每说一句话都要考虑别人会怎么看待自己，会不会因为这一句话而伤害某人；每做一件事都要瞻前顾后，生怕自己的举动会带来不好的影响。工作中，对领导、同事小心翼翼；生活中，对朋友、邻居万分小心。要知道，我们的周围有那么多人，每个人的脾气都不一样，我们不可能做到使每个人都满意。即使我们样样谨小慎微，还是不可能让每个人都喜欢我们。当你对一件很小的事都要左思右虑时，时间已在你的犹豫中溜走了。也许，当你老了的时候，你回过头来会发现自己是那么渺小，两手空空，一事无成。所以，只要不违背常情，不失自己的本心，就挺起胸膛来做人做事，也许会收到意想不到的效果。

感觉生活太累的人往往不能很好地调整自己。每遇不幸之事发生时，他们不能辩证、乐观地去看待，而且容易对生活产生悲观想法。长此以往，总是生活在心情沉重、感情压抑之中，那将是非常可怕可悲的事。处处都要考虑得失，一遇挫折就悲观消沉，哪还有时间去干大事，去成就一番事业呢！所以，不要患得患失，要适时调整自己的情绪，更积极乐观地迎接生活。

时刻感觉生活太累的人，必然看不到生活中光明的一面，更感觉不到生活的乐趣。因为他的眼睛统统用来盯住自己眼前狭小的一点儿空间，而无暇顾及其他。而且，他的生活是非常被动的，因为他不愿主动去做什么，却又常常抱怨自己得到的太少。这样的生活是不会幸福的，这样生活的人也是没有快乐可言。

活得太累的人，就像身上穿着一件厚重的铠甲，它太沉了，压在身上重如千斤，人既不能活动自如，又不能脱去它。活得太累的人，就像永远戴着一副面具，在人前谨小慎微，在人后愁眉苦脸。既然活得太累是一件很痛苦的事，而生命对我们来说又是那么宝贵、那么短暂，我们何不换一种活法，活得轻松、幽默一些，努力去感受生活中的阳光，把阴影抛在后头。

林肯的书桌角上总有一本诙谐的书籍放在那里。每当抑郁烦闷的时候，他便翻开来读几页，不但可以解除烦闷，而且还能消除疲倦。

美国富翁柯克在 51 岁那年把财产全部用完了，他只得又去经营、去赚钱。没多久，他果然又赚了许多钱。他的朋友因此很奇怪，问他："你的运气为什么总是这样好呢？"柯克回答说："这不是我的幸运，而是我的秘诀。"朋友急切地问："你的秘诀可以说出来让大家听听吗？"柯克笑了："当然可以，其实这是人人都可以做到的事情：我是一个快乐主义者，无论面对什么事情，我从来不抱悲观态度。就算人们对我讥笑、恼怒，我也从不改变我的主意。并且，我还努力让自己和别人快乐。我相信，一个人如果常向着光明和快乐的一面看，一定可以获得成功。"

是的，乐观、豁达可以使人信心百倍，即使是再大的困难，也能够克服。笑对人生，万事都能泰然处之。这样，你就活得轻松多了。

不要过分追求完美

很多时候，我们的压力来自对"完美"的追求。由于刻意追求完美，我们不能容忍缺陷的存在，结果，一点儿小小的缺陷，就可能遮蔽住我们的眼睛，使我们的目光滞留在缺陷上，而忽略了周围其他的美好之处，以

至于总是跟自己过不去。

有的人追求工作上的完美，永远只能第一，不能第二；有的人追求人际关系上的完美，希望所有的人都能喜欢自己，容不得别人对自己有半点不满；有的人追求生活上的完美，无论吃饭、穿衣，每个细节都要做到最好……

可以说，过分追求完美境界的人可能既是自我嫌弃的高手，也是挑剔别人的专家。当自己不能达到理想中的完美高度时，他们很容易作茧自缚、自暴自弃；当别人没有自己所期望的那样完美时，他们便心生不满和怨恨。他们在精神和感情上只能享用"纯净水"，但是却忽视了一点：水至清则无鱼。问题并不在于这些对自己、对他人的挑剔是否有根有据，而在于为这种挑剔花费了多少心血，消耗了多少能量，又是否值得。所以，完美主义一旦变成对现实的苛求，就会成为人们烦恼的根源。

有关心理学研究表明，追求完美会给人带来莫大的焦虑、沮丧和压抑。事情才刚开始，他们就在担心着失败，内心因怕干得不够漂亮而辗转不安，这就妨碍了他们全力以赴去做好每一件事。而一旦遭到失败，他们就会异常灰心，想尽快从失败的境遇中逃出去。他们可能并没有从失败中获得任何教训，而只是想方设法让自己避免尴尬的处境。

很显然，背负着如此沉重的精神包袱，他们可能在事业上难以取得成功，而且在家庭问题、人际关系等方面，也可能难以取得满意的效果。抱着一种不正确和不合逻辑的近乎苛求的态度对待生活和工作的他们，永远无法让自己感到满足，每天都在焦灼不安中度日。

有时，我们总是在尽力做好每一件事情，却往往得不到别人的认可，或者不能取得成功。为此，就会十分苦恼。其实，与其越做越糟，不如停下来认真地想一想：为什么会越做越糟？是不是走错了方向？是不是该放弃了？我们的前面总是会有风景在等待着我们去欣赏，何必为眼前的这点暗淡境遇而错失生命的美丽呢？

"人无完人，金无足赤"，我们都应该认识并坦然接受自己的不完美。全世界最出色的足球选手，10 次传球，也有 4 次失误；最出色的篮球选手，投篮也不会百发百中；最精明的股票投资专家，也有马失前蹄的时候。既然连最优秀的人做自己最擅长的事都不能尽善尽美，我们会失误也很正常。所以，我们要接受自己的不完美。每个人都会有他个人的感觉，都会根据自己的想法来看待世界。不要试图让所有的人都对你满意，这样只会让你活得很累。

明白了这一道理后，当有人不同意你的意见时，不要觉得自己受到了伤害，也不要咄咄逼人试图说服他，更不要立即改变你的观点以便赢得对方的认同，你应该提醒自己，没有人能让每个人都满意。

如果你是一个追求完美的人，那么你这种求全的生活态度无形中会给你和周围的人在生活和工作上增加许多无法忍受的负担。一个真正的奋斗者会有一个明确的目标，并为之努力，最终达到这个目标。奋斗者为达到这个目标，严格要求自己，希望自己日趋完善，从工作中获得满足。一项工作结束后，他就能把注意力全部转移到下一件事情上去。而那些爱挑剔、过分追求完美的人，却希望事事立竿见影，爱在一些小细节上钻牛角尖，些许的差错也会令他耿耿于怀、满心怨气。

过分追求完美的人总是一遇到不顺心的事，就大动肝火，往往为一些鸡毛蒜皮的小事纠缠不休，最后什么也没干成。如果你在一些琐碎小事上过分纠缠不清，对自己和别人过分苛求，那么你要让自己明白这世上没有尽善尽美。当你能够接受和原谅自己和他人错误的时候，不愉快就会随之消失。

　　追求完美是一种精神追求，但是过分追求完美容易让你走入死胡同，从而导致你生活混乱、情绪失控。让自己的生活轻松随意一些，别太挑剔自己，别跟自己过不去，你会发现，这个世界到处充满着欢乐。

学会在自己的生活中寻找乐趣

人世间，有的人家财万贯、锦衣玉食，有的人仓无余粮、柜无盈币，有的人权倾一时、呼风唤雨，有的人抬轿推车、谨言慎行，有的人豪宅、香车，有的人薄地、破棉衣……每个人都过着不一样的生活。

有的人，看到人家结婚，车如龙、花似海，浩浩荡荡，又体面、又气派，想想当年自己，几斤水果几斤糖，十分寒酸地就结了婚，心里就屈。

有的人，看到人家暮有进步、朝有提拔，今日餐馆、明日茶楼，而自己却总在原地停留，每日粗茶淡饭，心里就酸。

有的人，看到人家逢年过节，送礼者踏破门槛，而自家却是"西线无战事""顿河静悄悄"，心里就妒。

有的人，看到人家儿成龙、女成凤，而自家小子又倔又犟没出息，心里就怨。

……

一个人看到人家好、人家强，怎么会不心动？就算是道人法师，也要念三声"阿弥陀佛"，才能镇住自己的欲望和妒忌。生活的差别无处不在，而攀比之心又难以克服，这往往让人生的快乐打不少折扣。但是，假如我们能换一种思维模式，别专拣自己的弱项、劣势去和人家的强项、优势比，而是学会俯视，学会在自己的生活中寻找乐趣。正如一首诗中所写："他人骑大马，我独跨驴子，回顾担柴汉，心头轻些儿。"骑大马有骑大马的乐趣，跨驴也有其乐趣，因为跨驴优哉游哉，能领略一路风光，也许更感悠闲、自在。

理性地分析生活，我们会发现，其实，生活对每一个人都是公平、公正的，没有偏袒。人生是一个短暂而漫长的过程，在这个过程中每个人都有自己要拥有和承受的喜怒哀乐、爱恨情仇。这既是自然赋予生命的内涵，也是生活赋予人生的价值，只不过我们每个人选择承受的方式不同，便演绎出不同的人生。于是，有的人先苦后甜；有的人先甜后苦；有的人大喜大悲，有起有落；有的人安顺平和，无惊无险；有的人家庭不和，但官运亨通；有的人夫妻恩爱，却事业受挫；有的人财路兴旺，但人气不盛；有的人俊美娇艳，却才疏德亏；有的人智慧超群，可相貌不恭……每个人都有自己要承受的。没有永远的赢家，也没有永远的输家，就像长青之树无花、艳丽之花无果。雪输梅香，梅输雪白。

有一位妇人，年轻的时候，貌美心善，贤惠能干，可她的婚姻却并不幸福，当年一双水灵灵的眼睛硬是被泪水泡得浑浊痴呆。当她的第三任丈夫撒手而去的时候，她誓不再嫁！她拉扯着丈夫留下的儿女守寡至今。几十年来，村子里的人就没见她笑过，大家同情她、可怜她，说她命真苦。可就是这么个命苦的人，养的一儿一女却意外争气，双双考取名牌大学，并都在大城市成家立业。兄妹俩开着轿车回来，把母亲接到城里。那会儿，老人苍老的苦脸终于露出了欣慰的笑颜，乡亲们也第一次向老人投去羡慕的眼光。大家都感慨地说，她真是苦到了尽头。是啊，也许这就是生活，有苦有甜，有悲有喜，有山穷水尽之时，也有峰回路转之日。

有些人羡慕那些明星、名人，日日沉浸在鲜花和掌声中，名利双收，以为世间苦痛都与他们无缘，却不知他们光鲜的背后也有自己的苦难。如美国前总统里根曾几度风光，晚年却备受不孝逆子的敲诈、虐待；戴安娜如果没有魂断天涯，几人知道她与查尔斯王子那场"经典爱情"竟是那般糟糕……

俗话说："人生失意无南北。"确实，宫殿里有悲哭，茅屋里有笑声。所以，我们应专注于自己的生活，在自己的生活中寻找乐趣。

除了改变自己的心情，别的都没用

　　我们的内心是否平静，我们的生活是否快乐，并不取决于我们在哪里，我们拥有什么，我们取得什么样的成绩，而在于我们的心境如何。

密尔顿曾说过这样的话："思想的运用和思想的本身，就能把地狱造成天堂，把天堂造成地狱。"

依匹克特修斯告诫我们："我们应该极力消除思想中的错误想法，这比割除身体上的肿瘤和脓疮要重要得多。"

蒙坦把以下的话作为他生活的座右铭："一个人因发生的事情所受到的伤害，不及因他对发生事情所拥有的意见来得深。"

威廉·詹姆斯说："行动似乎是随着感觉而来，可是实际上，行动和感觉是同时发生的。如果我们使自己在意志力控制下的行动规律化，也能够间接地使不在意志力控制下的感觉规律化。"

可见，积极乐观的心态对于我们的生活有多重要。

英格莱特在 10 年前得了猩红热。当他康复以后，他又被检查出得了肾病。他去找过很多医生，但谁也没有办法治好他。

后来，他又得了另一种并发症——他的血压高了起来。他去医院，医生说他的血压已经到了最高点，并宣布他已经没有希望了。

英格莱特回到家里，在弄清楚他所有的保险都已付过之后，开始忏悔他以前所犯过的各种错误。让自己活在后悔中的他，害得周围所有的人都很不快乐，他的妻子和家人都非常难过，他自己更是深深地陷在颓丧的情绪里。

在经过一星期的自怜之后，他对自己说："你这样子简直像个大傻瓜。你在一年之内恐怕还不会死，那么趁你还活着的时候，何不快快乐乐呢？"于是，他在心理上给自己积极的暗示，脸上也露出了微笑，尝试着让自己表现出好像一切都很正常的样子。刚开始的时候他还觉得很费力，但是他觉得强迫自己开心，不但能让他不再颓丧，还能让他的家人感到开心。

接着他觉得好多了。这种改进一直持续，他不仅很快乐、很健康，而且他的血压也降下来了。有一件事他是可以肯定的：如果他一直想到会死、会垮掉的话，那位医生的预言就会实现了。别的什么都没有用，除了改变自己的心情。

《人的思想》这本书里有这样一段话："一个人会发现，当他改变对事物和其他人的看法时，事物和其他人对他来说就会发生改变——要是一个人把他的思想朝向光明，他就会很吃惊地发现，他的生活受到很大的影响。能变化气质的神性就存在于我们自己心里，也就是我们自己……一个人所能得到的，正是他们自己思想的直接结果……有了奋发向上的思想之后，一个人才能奋起、征服，并能有所成就。如果他不能奋起他的思想，他就永远只能衰弱而愁苦。"

让我们记住威廉·詹姆斯的话："通常，只要把受苦者内心的感觉，由恐惧改成奋斗，就能把大部分我们所谓的邪恶，改变为对你有帮助的好处。"愿我们每个人都有积极乐观的心态，为我们的快乐而奋斗。

每天给自己一个美好的期盼

没有希望的人，就像没有舵手的船，只会在大海中漂泊，难以到达彼岸。人活着，除了需要阳光、空气、水和食物外，还需要心存美好的期盼。美好的期盼是催促人向前的动力，也是生命存在的最主要的激励因素之一。

据说在鲁西南深处有个小村子，出了不少大学生，四邻八县的人都把这个村子称作"大学村"。这个村子广出人才，原因何在？记者去采访，可是村子里谁也说不清楚。知道其中原因的只有一个人，那就是最早在这儿教书的一位老师。这位老师曾在大学里教过书，后来不知何故来到这个村子里教书。

村子里的人说，这位老师不但书教得好，还能"预测"学生的未来。原来，是有的学生回到家里对大人说，老师说我将来能当作家；有的学生对大人说，老师说我将来能当科学家……不久，家长们发现他们的孩子与以前大不一样，个个变得勤奋好学了。到了这些学生参加高考的时候，凡是过去说自己将来能当作家、能当科学家的学生，都以优异的成绩考上了大学。

这位教师退休时，又将自己的秘密传授给接替他的老师，这位老师也用这个方法点燃了孩子们心中的希望之火。

哈佛大学杰出的心理学教授威廉·詹姆斯说："不管什么事情，只要满怀希望就会成功。你真诚地希望某种结果，就可能得到它。你希望行为善良，你便会为人善良；你如果想富有，你就会富起来；你希望博学，你就将会博学。"有什么样美好的期盼，就有什么样的人生。当一个人满怀期盼时，才能充分发挥自己的潜能，人生才会有惊人的闪光，那些不可能的事，通过自己的努力也才会陆续地变成可能。

生命本应该由一连串美好的期盼组成，包括对健康、对学业、对事业、对财富、对婚姻、对交友的希望等等。

一位大西北的老乡，5 年前医院诊断他患有癌症，医生说他的生命最多只有 6 个月。他从医院回来后，茶不思，饭不想，心里痛苦了好一阵子。后来一想，既然病已经得下了，发愁害怕也没用，还不如想吃就吃，想唱就唱，想扭就扭，痛痛快快地活上 6 个月。

从此，他不再每天想着自己的病，而是每天早上去公园扭秧歌，晚上又到渠坝上吼几段秦腔，天天如此，雷打不动。半年后，他不但活得好好的，还觉得疼痛减轻了许多。

这个事例再次证明：生命之火能为神奇的希望而燃烧。人有了美好的期盼，生命就会变得强劲起来。

在一家医院里，有位患癌症的大老板，已经病入膏肓。家人为他请来一位很有名气的教授。教授想用心理疗法来给他治疗，便问病人："先生，你想吃点什么？"病人摇摇头。教授又问："先生，你喜欢听音乐吗？"病人又摇了摇头。教授接着又问："那么你对听故事、说笑话，或者是交女朋友有没有兴趣？"病人用一种极其微弱的声音回答道："没有兴趣。"教授想继续问下去，他的家人在一边赶紧说："教授，没有用，他健康时都没有什么爱好，别说是现在这个样子了。"

教授听了之后，神情一下子忧郁起来。他叹了口气，转身走出病房。家人追了出来，很担心地问："教授，是不是不好救了？"教授说："我医治过成千上万的病人，每次我都是全力以赴，但这个病人我是彻底没有办法了。因为他是一个失去希望的人，对生活没有什么留恋，也不会有信心活下去的，再好的医生也治不好他的病。"不久，这位病人便离开了人世。

这位老板或许有豪华的别墅，有高级轿车，他应有尽有，可就是缺少了一样东西——美好的期盼。

在日常生活中，有些人常常认为：天天做同样的事，上学、放学、上班、下班……今天是昨天的翻版，今年又是去年的重复，觉得日子过得太平凡、太单调、太没意思。产生这种想法和感觉的原因就是这些人缺少美好期盼。如果每天能给自己一个美好的期盼，你就会觉得每一天都是新的开始，每天的学习、工作不再是单调乏味的重复，而是量的积累。人有了希望，就觉得每一天都活得很愉快，活得很充实，活得很有意义。

越是修心时，
越是艰难处，

学会从失败中走出来

孙子（孙武）曾经说过："水无常形，兵无常势。"成败亦是如此，坦然对待一切才是重中之重。也许你不认为自己能够成功，你对前途感到迷茫，你对成功的渴望不敢向别人吐露！其实，你应该相信自己，相信只要你够坚定、够勇敢，梦想终会实现。

没有人会永远顺利，没有人会永远耀眼，所有的人都会遇到成功和失败，我们应该明白，重要的是调整好自己的心态。

美国化妆品行业的明星玛丽·凯在 20 世纪 60 年代用自己的全部积蓄成立了自己的化妆品公司。她的两个儿子纷纷舍弃了自己的工作，加入了玛丽·凯的化妆品公司，哪怕每个月只有 250 美元的薪水。

在公司成立后的第一次展销会上，玛丽·凯隆重推出了自己引以为豪的一套化妆品。但出乎意料的是，她只在展销会上卖出了15 美元的化妆品。

展销会后，她情难自控地哭了，哭够了后，她明白自己必须正面这次失败。于是，她调整好心态，并认真反思。她发现原来是自己的公司没有进行宣传，所以展销会才会这样失败。很快，她就从失败中走了出来。现在，她的公司非常成功，这完全归功于她有正视失败的勇气，并能从失败中总结经验。

面对失败，你有多大的勇气？若你面对失败时束手无策，其实就是在告诉大家你软弱无能；若你能冷静、淡定地面对失败，你才可能走向成功。无论我们做什么，都有可能会失败。所以，我们要做的不是在失败里痛苦，而是从失败中走出来。

成功都是从失败开始的

  失败是成功的垫脚石。生活中怀才不遇的人有很多，但是聪明的人即使遇到再多的失败，也不会被击垮。

汤姆有家开在纽约的玩具制造公司，同时还有两家分公司分别在加利福尼亚和底特律。20 世纪 80 年代，他开始向魔方领域发展，并有了不错的收获。后来，他让两家分公司都投入到了魔方生产中。可是那一年，他要投放的亚洲市场竟然全都饱和了。虽然他马上让公司停止生产，但两家分公司依然损失惨重，他不得不舍弃了这两家分公司。这一次，他失败了，这是他第一次失败。

渐渐地，他财力恢复了，又开始投入亚洲市场。他在伊朗德黑兰市建了分厂。可是，两伊战争再次摧毁了他的亚洲市场。同时，他也遭遇了美国玩具工人大罢工风波，纽约的公司也因此破产了。这是汤姆的第二次失败。

总结了自己的失败之后，汤姆又有了新的想法。他拿着向银行贷的款又开了一家玩具厂。这一次，他一鸣惊人，美洲和欧洲的市场都被他成功占领。之后，他开始不断开发新的产品。第三次，他赢了，大获全胜！

"不经一番寒彻骨，怎得梅花扑鼻香。"汤姆的经历让我们看到一个人的成功是由一次次的失败炼成的。

所有人都会遭遇失败。成功只属于勇敢面对失败，并能从失败中总结经验教训的人。

面对失败，不被悲观的情绪所控制，就有获得成功的一天。

战胜了困难，你就是生活中的勇士。其实，失败可以帮助我们锻炼自己，只要不放弃，就有成功的可能。

如果你在失败面前自暴自弃，遇到困难就打退堂鼓，那么你永远无法取得成功。

遭遇失败容易让人失去信念，只有具备面对失败的勇气，在失败中一次次站起来，才能走向成功。

意志力对获取成功非常重要。潜能是要通过坚持激发的，困难是要通过努力克服的。

只有坚持才能胜利，这是前辈们成功的秘密。缺乏拼搏进取精神的人是没有力量的，懂得坚持的人才会迎来属于自己的成功。

当你遭遇失败时，只要你不被失败打倒，只要你还有必胜的信心和决心，你就不是真正的失败。

温特·菲力曾经讲过这样一句话："我们的每一次成功都是从失败开始的。真正意义上的伟人是不在乎途中的失败的；只有冷静面对失败，永远坚持的人才会成功。"

我们如何才能不被人生中的风霜雨雪打败？前提就是心中要拥有一片春光，告诉自己：我是不会被失败打倒的。

把苦难当作财富

人的一生不可能一帆风顺，面对苦难，只有乐观的心态才能帮助你走向成功。

何鸿燊是澳门的大富豪，可是在他很小的时候曾家道中落，家中兄长都不在，吃住之事常让母亲十分烦恼，小何鸿燊最害怕的就是老鼠偷米，那样自己就会没有饭吃。生活中让人更无法忍受的还有见风使舵、趋炎附势的亲戚。

有一次，何鸿燊牙疼得厉害，需要补牙。有位过去时常来往的亲戚恰好是牙医。

何鸿燊告诉亲戚自己牙疼想补牙，但是没有钱。过去他来这个诊所，亲戚会主动帮他检查牙齿，还告诉了他很多护理牙齿的知识，且没有一次要过钱。可是，这次亲戚的态度却变了。他在何鸿燊走神的时候说道："家里穷就别补牙，实在疼得厉害就拔掉好了。"

这件事对何鸿燊的打击很大。到家之后，他一边哭一边跟母亲讲这件事，母子两人相拥落泪。何鸿燊此时也明白了家里的真正处境。过了很多年后，他想起这段往事，仍然记忆犹新，感触颇多。

家道的中落，亲戚的冷漠，让母亲伤心欲绝。何鸿燊在心里告诉自己要争气。家里有钱的时候，何鸿燊曾就读于当地十分有名的皇仁书院。他特别淘气，学习成绩特别不好，所在的班级是差生D班。如今，母亲打工赚的那点钱只够全部家用，他的学费交得十分吃力。

一天，母亲将两条路摆在他面前：退学，或者拿到奖学金，不然家里就无法承担昂贵的学费。面对家里的处境，何鸿燊选择了努力读书，争取奖学金。这一次，他在期末考试中获得了优异的成绩。他不但拿到了奖学金，还首创了D班生拿奖学金的纪录。之后，何鸿燊每年都能拿到奖学金。

著名的法国作家巴尔扎克曾将苦难比喻为帮助天才成功的垫脚石。丘吉尔在自传中也对苦难进行了论述："你战胜了苦难，它就是财富；你被

苦难战胜了，它就是屈辱。"人生中遇到的苦难是垫脚石，战胜它可以让我们离成功更近。客观看待苦难，勇敢乐观地生活，会让你在经历苦难后收获一个更加优秀的自己。

人生很漫长，困难和痛苦其实算不了什么。只要够坚定、够勇敢，梦想定会实现。因此，不要为生活哭泣，而要把苦难当作财富。相信有一天，你会明白生活教给你的道理：笑对人生，苦难让人成长！

缺陷是人生可贵的财富

世界上的人都是有缺陷的，都有欠缺和不完美的地方。

西奥多·罗斯福是美国第 26 任总统。他小时候长得不好看，牙齿参差不齐，人也很胆怯，举止更是令人发笑。每次被提问时，他都非常紧张，整个人会因害怕而发抖。没有人能听懂他说的话，坐下后的他就像刚刚打了一仗的士兵一样疲惫不堪。

有可能你觉得他会因此而自卑又自闭，会怨天尤人，但他并没有。他没有因为这些经历而放弃，反而非常努力地改变自己。

他始终认为自己可以和别人一样。看到别人玩耍，他也想在游戏里有自己的一席之地。他也参加骑马、踢球、游泳和竞走等比赛，而且成绩优异，并成为业余运动家。他总是向勇敢的人学习，自己也总去冒险，克服困难。

他对人也很友善，一直热情地对待别人，努力克服自己的性格弱点。

他努力改变自己，没有因为同伴的嘲笑而失去勇气，他用各种办法来克服自己的紧张与胆怯。最终，他战胜了自己的缺陷。

上大学前，他适当运动，锻炼身体，逐渐变成了体质强壮的人。假期的时候，他会去亚历山大寻找牛群，去非洲猎熊和狮子。他那么勇敢，哪里还会有人觉得他就是过去的那个胆小的人？

世界上的每个人都与众不同。很多不完美的东西恰恰因为其不完美而让人觉得美。

用自己的标准衡量自己，不要总是奢求自己成为别人眼中的完美形象，我们没有必要去追求绝对的完美。只要努力，我们就会变得更好。

有个电影里的片段是这样的：

女孩询问自己的聋哑人男友，他的优点在何处。那个男孩露出灿烂的笑容，向她指了指自己的眼睛和心，之后他们相视一笑。

生活确实是公平的，每个人都会有别人没有的优点，上面例子中的那位聋哑男孩就是一个很好的例子。他失去了听觉和说话的能力，却得到了发现美的眼睛和乐观的心态。难道这不是另外一种美吗?

客观地看待自己的缺陷，就会拥有阳光美好的人生!

阳光总在风雨后

人的一生有美好也有痛苦。美好和快乐，痛苦和悲伤，都是我们必须要面对的。毫无疑问，我们会选择笑对阳光，但面对风雨，我们该如何对待呢？

德摩斯梯尼是古希腊著名的政治家。他生来唇齿就有缺陷，无法清晰地与别人沟通，为此他苦恼极了。为了改变这一现状，他通

过含鹅卵石说话克服自己的缺点。或者在海边，或者在山上，他日复一日地练习诗歌背诵。为此，他经常满嘴是血，连嘴里的石头都被他的血染红了。但这些都没有成为他练习的阻力。经过反复的练习，他终于可以流利地说话，能自由畅快地与人交谈了。

珍妮和南希是来自美国和英国的两个姑娘。两人都是美丽动人却有缺陷的女孩。珍妮的双腿生来就没有腓骨，她的父母在她1岁的时候给她做了截肢。珍妮在轮椅上度过了很多年。装上假肢后，她离开轮椅，学会了跳舞和滑冰。她活跃于女子学校和残疾人的演讲会场，甚至还成为平面模特。

南希的情况和珍妮不同。她曾是英国《每日镜报》"梦幻女郎"的冠军。后来，她决定侨居他国。她还在当地内战期间帮助建立了难民营，并用自己做模特的积蓄成立了资助孤儿的希茜基金。但她在后来遭遇车祸，不但肋骨断裂，还不幸失去了左腿。她没有因此而自怨自艾，而是依旧将人生过得丰富多彩。康复后，她更加积极地参与到残疾人公益事业当中。

后来，机缘巧合下，珍妮和南希相识，两人相见恨晚。两人没有因为肢体的不健全而深陷悲伤情绪之中，相反，她们从中收获了更多。如今，她们在假肢的帮助下和常人无异。只有海关检测时发出的金属报警响起，才会让人知道她们和常人有所不同。她们常被夸赞积极、阳光。珍妮更直接地表示，自己不会因为失去双腿而失去对美好的渴望。

虽然经历了人生的风雨，她们却依旧热爱生活，因此生活也热爱她们。面对爱情，她们和别的女孩儿没有什么不同，两人都找到了属于自己的幸福。正是积极乐观的人生态度帮助两位姑娘享受生命。

如果因为遇到苦难，我们就丢掉人生的一切生机与活力，那么人生就会灰暗到底；反之，若我们对生活充满激情，即便我们在人生的谷底，也总有看到阳光的时候。

阳光和风雨是人生路上必然存在的风景，不要被风雨苦痛打倒，努力坚持，就一定能看见耀眼的阳光！

不要轻言放弃

许多人遇到一点点困难或者受到一点点挫折，就轻率地放弃自己的目标，这是一种不负责任的态度。你对自己都不负责任，还有谁能对你负责任呢？

在这个世界上，轻言放弃者比比皆是，其原因就是他们没有一颗不屈不挠的进取之心。

日本松下电器公司总裁松下幸之助，年轻时家庭生活贫困，只靠他一人养家糊口。有一次，瘦弱矮小的松下到一家电器工厂去谋职。他走进这家工厂的人事部，向一位负责人说明了来意，请他给安排一份哪怕是最辛苦的工作。这位负责人看到松下衣着肮脏，又瘦又小，便不想用他。但负责人又不方便直说，于是就找了一个理由说："我们现在暂时不缺人，你一个月后再来看看吧。"这本来是个托词，但没想到一个月后松下真的来了。那位负责人又推托说此刻有事，过几天再说吧。隔了几天，松下又来了。如此反复多次，这位负责人干脆说出了真正的理由："你这样脏兮兮的，是进不了我们公司的。"于是，松下幸之助回去借了一些钱，买了一件整洁的衣服穿上又去了。那位负责人一看实在没有办法，便告诉松下："关于电器方面的知识你知道得太少了，我们不能要你。"两个月后，松下幸之助再次来到这家公司，说："我已经学了不少有关电器方面的知识，您看我哪方面还有差距，我一项项来弥补。"

这位负责人盯着他看了半天说："我干这行几十年了，头一次遇到像你这样来找工作的，我真佩服你的耐心和韧性。"松下幸之助的毅力打动了负责人，他终于进了那家公司。后来，松下又以其超强的毅力，逐渐成为一位非凡的人物。

有统计资料表明，现在日本有1万多家麦当劳店，一年的营业总额突破40亿美元大关。创造这两项数据的人是一个叫藤田田的日本老人，日本麦当劳株式会社的名誉社长。

1965年，藤田田于日本早稻田大学经济学系毕业。毕业之后，他便在一家大电器公司打工。1971年，他开始着手创办自己的事业，经营麦当劳生意。麦当劳是闻名全球的连锁速食公司，采用的是特许连锁经营机制，而要取得特许经营资格是需要具备相当财力和特殊资格的。

藤田田当时只是一个才出校门几年、毫无家族资本支持的打工一族，根本不具备麦当劳总部所要求的 75 万美元现款和一家中等规模以上银行信用支持的苛刻条件。只有不到 5 万美元存款的藤田田，看准了美国连锁速食文化在日本的巨大发展潜力，决定不惜一切代价在日本创办麦当劳事业，于是他绞尽脑汁东挪西借筹措钱款。但事与愿违，5 个月下来，他只借到 4 万美元。面对如此的困难，也许很多人早就心灰意冷放弃了。然而，藤田田却具有对困难说"不"的勇气和锐气，他偏要迎难而上。

于是，在一个风和日丽的早晨，他西装革履满怀信心地跨进住友银行总裁办公室的大门。藤田田以极其诚恳的态度，向对方表明了他的创业计划和求助心愿。在耐心细致地听完他的表述之后，银行总裁做出了"你先回去吧，让我再考虑考虑"的决定。

藤田田听后，心里即刻掠过一丝失望，但马上镇定下来，之后恳切地对总裁说："先生，可否让我告诉你我那 5 万美元存款的来历呢？"总裁回答："可以。"

"那是我 6 年来按月存款的收获，"藤田田说道，"6 年里，我每月坚持存下 1/3 的工资奖金，雷打不动。6 年里，无数次面对过度拮据的尴尬局面，我都咬紧牙关，克制欲望，硬挺过来了。有时候，碰到意外事故需要额外用钱，我也照存不误，甚至不惜厚着脸皮四处借贷，以增加存款。这是没有办法的事，我必须这样做，因为在跨出大学门槛的那一天我就立下宏愿：要以 10 年为期，存够 10 万美元，然后自创事业，出人头地。现在机会来了，我一定要提早开创事业……"

　　藤田田一口气讲了10分钟，总裁越听神情越严肃，并向藤田田问明了他存钱的那家银行的地址，然后对藤田田说："好吧，年轻人，我下午就会给你答复。"

　　送走藤田田后，总裁立即驱车前往那家银行，亲自了解藤田田存钱的情况。柜台工作人员了解了总裁的来意后，说了这样几句话："哦，是问藤田田先生啊，他可是我接触过的最有毅力、最有礼貌的一个年轻人。6年来，他真正做到了风雨无阻地准时来我这里存钱。老实说，这么严谨的人，我真是要佩服得五体投地了。"

　　听完工作人员的介绍后，总裁大为动容，立即打通了藤田田的电话，告诉他住友银行可以毫无条件地支持他创业。藤田田追问："请问，您为什么决定支持我呢？"

　　总裁在电话那头感慨万千地说道："我今年已经58岁了，再有2年就要退休了。论年龄，我是你的2倍，论收入，我是你的30倍，可是，直到今天，我的存款却还没有你多……你的毅力，我自愧不如。我敢保证，你会很有出息的。年轻人，好好干吧！"

　　扪心自问，我们有松下幸之助那样百折不挠的毅力吗？我们有藤田田那样坚持不懈的恒心吗？事实上，绝大多数人之所以没有取得成功，恰恰就是因为缺乏这种毅力、这种恒心、这种进取之心。所以，请你持之以恒，不要轻言放弃！

Part

心静如水，
你的焦虑毫无意义

摒弃盲目的偏执

偏执的人，往往是极度的敏感，对别人不经意的伤害耿耿于怀；思想行为固执死板、敏感多疑、心胸狭隘；爱嫉妒，对别人获得的成就感到紧张不安而妒火中烧，表现为不是寻衅争吵，就是在背后说风凉话，或公开抱怨和指责别人；自以为是，自命不凡，对自己的能力估计过高，习惯

把失败和责任归咎于他人；在工作和学习上往往言过其实；内心自卑，总是过多、过高地要求别人，从来不信任别人的动机和愿望，总是认为别人存心不良；不能正确、客观地分析形势，有问题易从个人感情出发，看问题过于主观片面；等等。偏执的人往往在家不能和睦亲人，在外不能与朋友、同事融洽相处，别人只好对他敬而远之。

偏执的人常常猜疑，常将他人无意的、非恶意的甚至友好的行为误解为敌意或歧视，或怀疑自己被人利用或伤害，因此过分警惕与自卫，或是将周围事物解释为不符合实际情况的"阴谋"。偏执的人往往过分自负，若遇挫折或失败常归咎于人。他们总认为自己正确，或是爱嫉恨别人，对他人过错不能宽容，或是脱离实际的好争辩与敌对，固执地追求个人不够合理的"权利"与利益……

不管是对人的偏执、对时代的偏执、对事物的偏执，于人于己都是不利的。因为，偏执的人不容易接受新事物。偏执的人，是独断专行的人、不民主的人、不灵活的人。

其实，生命中很多的不开心，皆是由于过度的偏执。

极端的偏执，是一种在前提错误的情形下的偏执，对人生一点儿好处都没有。而如果有人能够以理智的思考，把偏执用到正确的地方，那么，这种偏执就可以称为执着。

所以，对于偏执，我们不能一概地排斥，而是应该把盲目的偏执、不合理的偏执引导到一个正确的方向上来。

在生活中，我们如果能摒弃盲目偏执的情绪，善于倾听、接受别人的意见和建议，那么，我们就能避免失败和挫折，获得事业和生活的成功，实现我们的人生目标。

为了避免出现偏执心理，我们应该注意以下几个方面。

1. 虚心听取他人意见

"满招损，谦受益"是哲人留给我们的一句可以千年护身的诤言。过度自信自满的人，他的"心"无法装下其他东西。在这个瞬息万变的社会，我们需要随时更新知识、观念，我们的大脑需要不断汲取养分，所以我们一定要虚怀若谷，接纳各种有益的意见，这样才能吸收尽可能多的知识和资源，从而使自己丰富起来。

俗话说："良药苦口利于病，忠言逆耳利于行。"如果我们能虚心地听一听别人的意见，学会尊重别人，肯定会对我们的认识有所补充和帮助。愿意向你提出意见或建议的人，一定是对你非常信任的人。如果你能接受他意见中合理的成分，那么他会有一种被人尊重和信任的感觉。

如果你是一个容易固执己见的人，一定要学会打开自己，要尽量去了解别人的所思所想，特别是要了解与自己有着不同观点的人，这是克服偏执的好办法。如果你觉得别人似乎缺乏理智、蛮横无理、令人厌恶的话，你就得反思自己：在他们的眼中，我是不是也是如此？有时候别人不一定能告诉你他们的真实想法，因为，他们可能被你的自以为是吓坏了。在这种时候，你要主动地让他们说话，让他们提出他们的看法，而当他们表达了自己的观点之后，你应该加以分析研究。如果觉得别人说得有道理，就要虚心接受；如果觉得别人说得没有道理，就一笑了之。

2. 不要轻易否定别人

在生活中，人与人之间应相互理解、相互肯定，尤其是在与人讨论、交谈时，对于别人的见解我们不应轻易否定，即使其见解与你相左。如果能够做到理解别人、体贴别人，那么就能少一些盲目。要善于发现别人见解的独到性，只有这样，才能多角度地看问题，你才能发现自己的问题。如果别人提出的意见与你的观点截然相反而使你大动肝火，这就表明，你的理智已失去控制。假如有人坚持认为"2+2=5"，或者"冰岛在赤道上"，你根本不会发怒，只会因为他的无知感到哑然失笑。因此，无论何时都要注意，别一听到不同的观点就怒不可遏，有时通过仔细分析，你会发觉也许错误在你这一边，你的观点不一定都与事实相符。

在人际交往中，让步是一种常用的处理问题的方式。让步不是懦弱、失去人格的表现，而是一种修养。让步其实只是暂时的、虚拟的退却，为进一步，有时必须先退让一步；为避免吃大亏，就不应计较吃点小亏，况且大多数时候听取了别人的意见，会使自己受益无穷。

我们要经常告诫自己：时过境迁，固有的经验不一定适用于现在的环境。不要完全地、无条件地相信自己的第一感觉，因为第一感觉往往是不全面的。同时还要克服自己的刻板态度，学会灵活一点，只有这样，在时间、地点、人物发生变化的时候，才不会死抱着原有的看法不变。

宽容别人，让仇恨长成鲜花

仇恨的心态，只会激化矛盾，让彼此都陷入痛苦的深渊。

在心怀仇恨、心存报复的时候，我们的身心也同样被折磨着。一个心中常想报复的人，其实自己活得也并不快乐。

古希腊神话中有一位大英雄叫海格里斯。一天，海格里斯走在坎坷不平的山路上，突然发现脚边有个袋子似的东西。他踩了那东

西一脚，谁知那东西不但没有被踩破，反而膨胀起来，并加倍地扩大。海格里斯恼羞成怒，抄起一根碗口粗的木棒砸它，那东西竟然长大到把路堵死了。

这时，山中走出一位圣人对海格里斯说："朋友，快别动它，忘了它，离它远去吧！它叫仇恨袋，你不犯它，它便小如当初；你侵犯它，它就会膨胀起来，挡住你的路，与你敌对到底！"

我们生活在茫茫人世间，难免会与别人产生误会、摩擦，如果我们太在意，"仇恨袋"便会悄悄生长，最终会让我们丧失心智，并逐渐成长为一个折磨我们身心的"毒瘤"。

潜留在我们内心的别人对我们造成的伤害，一些永难平复的创伤，往往会阻碍我们发现生活中许多可爱的事物，憎恨就像毒害我们血液、细胞的毒素一样，影响、侵蚀着我们的生命。

一所医学院曾做过一次调查，结果显示：与心情较为愉快的人相比，心存仇恨的人更经常进医院。试验也显示，患心脏病的人常常不是工作辛劳的人，而是抱怨工作辛劳的人。仇恨甚至会造成意外事件。交通问题专家说："发怒的时候不要开车。"

那么，怎样才能摆脱自己的心态呢？

1. 确定仇恨心态的来源

如果我们能反省，就会发现很多仇恨大可不必。忽略自己的缺陷与弱点，乃是人之常情。很多时候，我们总会把自己的短处变成别人的错处，尔后加以憎恨。

"这是很奇怪的现象，"心理学家说，"我们自己的过错好像比别人的过错要轻微得多。我想，这是由于我们完全了解有关犯下错误的一切情形，于是对自己多少会心存原谅，而对别人的错误则不可能如此。"

2. 忘记仇恨的事情

理智的人往往用新的梦想和热诚而不是用仇恨填满他们生活中的洼地。心理学家说，我们不能同时拥有两种强烈的情感，既要爱又要恨，那是不可能的。大部分怨恨是以自我为中心的，要排除怨恨，就要忘记曾经不愉快的事情，用大度、宽容的心态来调整自己。

3. 学会帮助别人

在学会用心帮助别人之后，我们会发现，在这个世界上善意总是多于恶意的。一所大学的研究结果显示，以真正的友谊的态度待人，有65％~90％的高比率是可以引起对方友谊的反应的。因此，领导此项研究的博士说："爱产生爱，恨产生恨。"所以，我们就没有必要让憎恨耗尽自己的精力，而要学会帮助别人，用爱去赢得爱，不要用恨去产生恨。

人与人之间避免不了因互相误解而导致仇恨，最好的方式是以宽容的心态来面对这一切，来化解误会。时间带走一切也考验一切，值得珍惜的是无限的春光和快乐的果实，真正的友谊并不因误解而变淡，反而因海纳百川的胸怀和气度而更加深厚。

让仇恨长成鲜花是一种大彻大悟的境界，也是人生快乐的源泉之一。

走出精神紧张的阴影

　　紧张是一种有效的反应方式，是应对外界刺激和困难的一种准备。然而，过分紧张会产生压力感、紧迫感以及焦虑感，引起心理应激反应。而如果持续陷入劣性应激，则可能会引起身心疾病，严重地影响人的身心健康。研究发现，持续的劣性应激，可导致人的免疫力下降，机体的生化代谢、神经调节、内分泌功能也随之发生紊乱，同时也对很多身心疾病的发生发展起着推波助澜的作用。因此，缓解心理上的过分紧张状态是人们自我保护的一项重要内容。

　　慕容雨秋今年 30 岁，参加工作已经 7 年多了。最近，慕容雨秋跳槽到了北京的一家高科技信息技术企业。她对现在的工作还比较满意，收入也很丰厚，只是他们这家公司工作任务繁重，经常加班加点，领导督促很严格。慕容雨秋感觉心情很紧张，好像心中有根弦始终紧绷着，她十分担心有朝一日这根弦会断裂。

　　慕容雨秋所在的这家高科技公司竞争相当激烈。刚进这家公司时，她经历了层层的考试选拔，最后过关斩将，才争取到了现在的这个职位，她非常珍惜这次机会。

　　不过，慕容雨秋在办公室里和领导、同事相处时，感觉非常紧张，好像自己成了这个办公室的局外人，有一种被孤立的感觉。有一次，部门要提拔一个副经理，实行竞选制，慕容雨秋通过了笔试，成为四个竞争者之一。慕容雨秋很希望能够竞选上。不过，因为与领导的关系并不融洽，所以慕容雨秋一考虑到这个问题心里就紧张。

在竞选演讲之前，慕容雨秋做了很多准备，演讲内容已烂熟于心。不过，到了竞选那天上讲台演讲时，慕容雨秋因为太紧张，最后几句话突然就卡了壳，尔后脑子里一片空白，什么都记不清楚了，一句话也说不出来。当她在台上看到领导对自己挑剔的目光时，她的心跳得更厉害了。她的头脑里闪过一个念头："这下真是完了。"竞选的结果可想而知。

竞争激烈、快节奏、高效率的社会不可避免地会给人带来许多紧张的情绪与压力，而长期的紧张状态对人的身心健康会产生严重的负面影响。从生理心理学的角度来看，人若长期、反复地处于超生理强度的紧张状态中，就容易激动、急躁、恼怒，严重者甚至会导致大脑神经功能紊乱，有

损于身体健康。因此，我们要克服紧张的心理，设法让自己从紧张的情绪中解脱出来。

那么，我们应该如何调适紧张的心理呢？心理专家提出了以下几种观点。

1. 自我心理调节

当遇事紧张的时候，首先你要坦然面对和接受自己的紧张。你应该想到自己的紧张是正常的，不要试图与这种紧张不安的情绪对抗，而是体验它、接受它。要训练你像局外人一样观察自己害怕、紧张的心理，注意不要陷入这种心理中去，不要让这种情绪完全控制住你。"如果我感到紧张，那我确实就是紧张，但是我不能因为紧张而无所作为。"此刻你甚至可以选择和你的紧张心理对话，比如问自己为什么这样紧张，自己所担心的最坏的结果是怎样的，等等。这样你就做到了正视并接受这种紧张的情绪，学会了坦然从容地应对，并能有条不紊地做自己该做的事情。

2. 提出合理的期望水平

俗话说："人贵有自知之明。"每一个人都应对自我有一个客观的评价，正确地分析自己的优势与不足，据此提出适合自己的合理期望，不要事事想成，也不要每一件事都要求完美。当你不对自己提出过高的期望时，你就不会太过紧张了。

3. 当机立断

死守着一个毫无希望的目标，不论对你自己，还是对你周围的人，都会增加心理压力和精神负担。当你一旦打算完成某项任务时，就应马上做出决断并付诸行动；当你发现已做的决定是错误的时，就应立即另谋办法。

因为优柔寡断只会加剧你的精神负担，所以你应当机立断。

4. 养成宽容的习惯

古人说得好："宰相肚里能撑船。"只有心胸似海的人，才能有效地控制自己。我们不应一遇挫折就自怨自艾，或在别人身上泄愤，而应学会宽容和宽恕，这样我们就能忘却那些不愉快的事，消除因这些情绪而产生的精神紧张。大事不应糊涂，但小事不妨糊涂些，做个"难得糊涂"的人，这样，你会生活得比以前更轻松、愉快。

5. 建立支持系统

人生之路并非全是坦途，生活中每个人都会遇到这样那样的麻烦，每个在困境中的人都希望得到别人的帮助，因而这就要求我们必须建立相互支持系统。它可为你在挫折时提供良好的情感支持，令你减少孤独或紧张，你的亲友、同学、同事、邻居都可成为你的支持者。在这个人际圈当中，你要得到别人的帮助就要先多去关心别人。与周围的人建立友谊，可以增加来自外界的支持和帮助，从而减轻你的精神压力。不要害怕扩大你的社交圈，这样有助于你寻找应对紧急事件的新渠道。美国科研人员在对2700多人进行为期14年的跟踪研究后指出，帮助别人有助于消除精神紧张。

6. 走出封闭的自我

自我封闭有两种：一是以自己为圆心，多有自卑心理或曾受到大的挫折；二是以别人为圆心的自我封闭。我们常常能忍辱负重，有些人总是为别人而活着，有的为父母，有的为儿女，有的为家庭，等等，但我们不能因此把自己封闭起来。走出去，做你喜欢做的事，做你想做的事，你将发现外面的世界很精彩，你的紧张、烦恼也将随风消散。

7. 宣泄、抒发

经常处于精神紧张状态，这可能会吞噬掉我们健康的肌体。我们需要对人诉说自己的感受，我们需要宣泄自己的情绪。诉说和抒发也是有技巧的。向谁诉说，取决于想要说的内容。记住，绝对不要将紧张情绪和不愉快的事情隐藏在自己的心里。

8. 发展广泛的业余爱好

业余爱好可以作为转移大脑"兴奋灶"的一种积极的休息方式。它能有效地调节、改善大脑的兴奋与抑制过程，进而消除疲劳、调节情绪，使人从乏味、紧张以及无聊的小圈子中走出来，进入一个兴趣盎然的境界。业余爱好的内容应当是广泛的，诸如书法绘画、音乐舞蹈、棋类、写作、垂钓、旅游等等，你可以根据自己的兴趣进行选择，适当"投资"，以调节情趣、缓解紧张感。

9. 积极参加体育锻炼

适当的锻炼有利于缓解紧张的情绪。积极参加体育运动，能够有效地提高身体机能。我们应根据自己的具体情况，每天可安排一小时或更多时间进行锻炼。这样既可放松心情，又能增强体质。

当你走出精神过分紧张的阴影，你将会拥有一片灿烂的新天地，也将获得一个完全崭新的自我！

用稳重冷静战胜浮躁

有两兄弟，一个是画家，另一个是医生。那位画家自以为自己是个天才，个性骄傲自负。他瞧不起自己的哥哥，认为哥哥是个市侩和感情用事的人。不过他的画却并不挣钱，要是没有哥哥救济他，他早饿死了。

尽管他画了很多的画，但每次举办个人画展，却只能卖掉两幅画，从未超过此数。

后来，哥哥去世了，他把自己的一切留给了弟弟。弟弟在哥哥的家里发现了 25 年来被无名主顾买去的全部油画。最初他无法理解，经过一番考虑之后，他做出了如此解释：那个狡猾的家伙想做一本万利的投资呢！

再来看看另外一个画家的故事：

有一个青年画家，画出来的画总是很难卖出去。他看到大画家阿道夫·门采尔的画很受欢迎，便登门求教。

他问门采尔："我画一幅画往往只用一天不到的时间，可为什么卖掉它却要等上整整一年？"门采尔沉思了一下，对他说："请倒过来试试。"青年画家不解地问："倒过来？"门采尔说："对，倒过来！要是你花一年的工夫去画，那么，可能只要一天工夫就能卖掉它。"

"一年才画一幅，这有多慢啊！"青年画家惊讶地叫出声来。门采尔严肃地说："对！创作是艰巨的劳动，没有捷径可走的。试试吧，年轻人！"

青年画家接受了门采尔的忠告。回去以后，他苦练基本功，深入搜集素材，周密构思，用了近一年的工夫画了一幅画。果然，不到一天时间，这幅画就卖掉了。

"请倒过来试试。"当付出与得到不如预想的那么好时，我们是否也应该听听门采尔的忠告？

一年夏天，一位来自马萨诸塞州的乡下小伙子登门拜访年事已高的爱默生。小伙子自称是一个诗歌爱好者，从 7 岁起就开始进行诗歌创作。但由于生活在偏僻乡下，他一直得不到名师的指点。因仰慕爱默生的大名，他千里迢迢前来寻求名师的指导。

这位青年诗人虽然出身贫寒，但谈吐优雅，气度不凡，爱默生对他非常欣赏。老少两位诗人谈得非常融洽。

临走时，青年诗人留下了自己写的薄薄的几页诗稿。爱默生读了这几页诗稿后，认定他在文学上将会前途无量，于是决定凭借自己在文学界的影响大力提携他。

爱默生将那些诗稿推荐给文学刊物发表，但反响不大。之后，他希望这位青年诗人继续将自己的作品寄给他。于是，老少两位诗人开始了频繁的书信来往。

青年诗人的信每次都长达几页，大谈特谈文学问题，激情洋溢，才思敏捷，表明他的确是个天才诗人。爱默生对他的才华大为赞赏，在与友人的交谈中也经常提起他。

于是，青年诗人很快就在文坛上有了一点小小的名气。

不过，这位青年诗人以后再也没有给爱默生寄诗稿来，信却越写越长，信中的奇思异想层出不穷，言语中开始以著名诗人自居，语气也越来越傲慢。

爱默生开始感到不安。凭着对人性的深刻洞察，他发现这位青年诗人身上出现了一种危险的倾向。

通信一直在继续，爱默生的态度逐渐变得冷淡，成了一个倾听者。

很快，秋天到了。

爱默生去信邀请青年诗人前来参加一个文学聚会，他如期而至。

在这位老作家的书房里，两人有一番对话：

"后来为什么不给我寄稿子了？"

"我在写一部长篇史诗。"

"你的抒情诗写得很出色，为什么要中断呢？"

"要成为一个大诗人就必须写长篇史诗，小打小闹是毫无意义的。"

"你认为你以前的那些作品都是小打小闹吗？"

"是的。我是个大诗人，我必须写大作品。"

"也许你是对的。你是个很有才华的人，我希望能尽早读到你的大作品。"

"谢谢，我已经完成了一部分，很快就会公之于世。"

文学聚会上，这位被爱默生欣赏的青年诗人大出风头。他逢人便谈他的伟大作品，表现得才华横溢，锋芒毕露。虽然谁也没有拜读过他的大作品，即便是他那几首由爱默生推荐发表的小诗也很少有人拜读过，但几乎每个人都认为这位年轻人必成大器。否则，大作家爱默生能如此欣赏他吗？

转眼间，冬天到了。

青年诗人继续给爱默生写信，但从不提起他的大作品，信越写越短，语气也越来越沮丧。直到有一天，他终于在信中承认，长时间以来他什么都没写，以前所谓的大作品根本就是子虚乌有之事，完全是他的空想。

他在信中写道："很久以来我就渴望成为一个大作家，周围所有的人都认为我是个有才华、有前途的人，我自己也这么认为。我曾经写过一些诗，并有幸获得了您的赞赏，我深感荣幸。

"使我深感苦恼的是，自此以后，我再也写不出任何东西了。不知为什么，每当面对稿纸时，我的脑海中便一片空白。我认为自己是个大诗人，必须写出大作品。在想象中，我感觉自己和历史上的大诗人是并驾齐驱的，包括和尊贵的阁下您。

"在现实中，我对自己深感鄙弃，因为我浪费了自己的才华，再也写不出作品了。而在想象中，我是个大诗人，我已经写出了传世之作，已经登上了诗歌界的王位。

"尊贵的阁下，请您原谅我这个狂妄无知的乡下小子。"

从此以后，爱默生再也没有收到这位青年诗人的来信。

浮躁，急功近利，毁了无数人的梦想，也造成了无数平庸的"天才"。

一个人如果有轻浮急躁的心态，是什么事情也干不成的。在现实生活中，常有人犯浮躁的毛病。他们做事情往往既无准备，又无计划，只凭脑子一热，兴头一来就动手去干。他们不是循序渐进地稳步向前，而是恨不得一锹挖成一眼井，一口吃成胖子。结果呢？必然是事与愿违，欲速不达。

常有这样的人，他们看到一部文学作品在社会上引起强烈反响，就想学习文学创作；看到计算机专业在科研中应用广泛，就想学习计算机技术；看到外语在对外交往中起重要作用，又想学习外语……由于他们对学习的长期性、艰苦性缺乏应有的认识和思想准备，只想"速成"，一旦遇到困难，便失去信心，打退堂鼓，最后哪一门也没学成。这种情况与明代边贡《赠尚子》一诗里的描述非常相似："少年学书复学剑，老大蹉跎双鬓白。"即有的年轻人刚坐下学习书本知识，又要去学习击剑，如此浮躁，时光匆匆溜掉，到头来只落得个一事无成。

浮躁的人自我控制力差，容易发火，不但影响学习和事业，还影响人际关系和身心健康，所以应该力戒浮躁。

可是，说起来容易做起来难，我们怎样才能戒除浮躁呢？要戒除浮躁之心就必须先培养稳重的气质和精神。

一个人只有保持冷静的心态才能很好地思考问题，才能在纷繁复杂的大千世界中站得高、看得远，才能使自己的思维闪烁出智慧的光辉。诸葛亮讲的"非宁静无以致远"就是这个意思。我们如能把"宁静致远"作为自己的座右铭，就会有助于我们克服浮躁的缺点。

据《左传》记载，鲁庄公十年（公元前 684 年），弱小的鲁国在长勺打败了强大的齐国。两军对阵时，齐军战鼓刚响，鲁庄公就要迎战，被曹刿阻止。直到齐军擂第三通战鼓，曹刿才同意鲁军出战。齐军败退后，鲁庄公急忙要率军追击，又被曹刿阻止。曹刿在战场上做了一番观察后说："可矣。"事后，曹刿对鲁庄公说："夫战，勇气也。一鼓作气，再而衰，三而竭。彼竭我盈，故克之。夫大国，难测也，惧有伏焉。吾视其辙乱，望其旗靡，故逐之。"由于曹刿稳重冷静，善于思考，鲁军才能在齐军士气丧失而自己士气正旺的情况下发起攻击，才能在齐军确实溃逃而没有埋伏的情况下乘胜追歼，从而创造了历史上以弱胜强的一个典型战例。

在《荀子·劝学》中有一段发人深省的话："蚓无爪牙之利，筋骨之强。上食埃土，下饮黄泉，用心一也。蟹六跪而二螯，非蛇鳝之穴无可寄托者，用心躁也。"蟹有六条腿（实际上是八条腿）和两个蟹钳，自身条件比蚯蚓强得多，但由于浮躁，如果没有蛇和鳝的洞穴就无处寄身。可见，只要心恒志专，即使自身条件差，也能有所成就；反之，自身条件再好，性情浮躁，也将一事无成。

"涓流积至沧溟水，拳石崇成泰华岑。"宋代陆九渊《鹅湖和教授兄韵》中的这一诗句劝喻人们：涓涓细流汇聚起来，就能形成苍茫大海；拳头大的石头累积起来，就能形成泰山和华山那样的巍巍高山。只要我们勤勉努力，脚踏实地，持之以恒，不论自身条件与客观条件如何，都能走上成才建业之路。

要想远离浮躁，还要学会挡住诱惑。现代社会，人们常常盲目攀比，眼红心动，沦于浮躁。他们不问别人成功背后的艰辛，只看到别人令人羡慕的结果，于是自己也做起了"心想事成"的美梦，陷入了"这山望着那山高"的误区。在他们看来，自己的能力不比别人差，吃的苦不比别人少，而待遇、荣誉、地位却样样不如别人，实在冤枉。但是，他们做事心浮气躁，一遇困难就叫苦不迭，又怎么会成功呢？他们只有沉下心来，冷静地分析自己的长处和短处、劣势和优势、有利条件和不利条件，然后立足现实，确定目标，制定措施，付诸实践，才有成功的可能。

Part

爱与感恩，
让心灵宁静祥和

打开心扉让心灵的花园永不荒芜

地上种了菜
就不易长草
心中有了善
就不易生恶

善

有一句名言说："人活着应该让别人因为你活着而得到益处。"的确，在生活中，帮助他人、撒播美丽、善意地看待这个世界，快乐、幸福就会与我们相伴。对此，罗曼·罗兰说："快乐和幸福不能靠外来的物质和虚荣，而要靠自己内心的高贵和正直。"

贝尔太太是美国一位贵妇，她在亚特兰大城外修了一座花园。

花园又大又美，吸引了许多游客，他们毫无顾忌地跑到贝尔太太的花园里游玩。

年轻人在绿草如茵的草坪上跳起了欢快的舞蹈，小孩子扎进花丛中捕捉蝴蝶，老人坐在池塘边垂钓，有人甚至在花园当中支起了帐篷，打算在此度过浪漫的盛夏之夜。贝尔太太站在窗前，看着这群快乐得忘乎所以的人们，看着他们在属于她的园子里尽情地唱歌、跳舞、欢笑。她越看越生气，就叫仆人在园门外挂了一块牌子，上面写着：私人花园，未经允许，请勿入内。可是这一点儿也不管用，那些人还是成群结队地走进花园游玩。贝尔太太只好让她的仆人前去阻拦，结果发生了争执，有人竟拆走了花园的篱笆墙。

后来贝尔太太想出了一个绝妙的主意，她让仆人把园门外的那块牌子取下来，换上了一块新牌子，上面写着：欢迎你们来此游玩，为了安全起见，本园的主人特别提醒大家，花园的草丛中有一种毒蛇。如果哪位不慎被蛇咬伤，请在半小时内采取紧急救治措施，否则性命难保。最后告诉大家，离此地最近的一家医院在威尔镇，驱车大约 50 分钟。

这真是一个绝妙的主意，那些游客看了这块牌子后，对这座美丽的花园望而却步了。

几年后，有人再去贝尔太太的花园，却发现那里因为园子太大，走动的人太少而真的杂草丛生，几乎荒芜了。

孤独、寂寞的贝尔太太守着她的大花园，此时的她非常怀念那些曾经来她的园子里快乐游玩的游客。

贝尔太太用一块牌子为自己筑了一道特别的"篱笆墙"，随时防范别人靠近。这道看不见的篱笆墙就是自我封闭。

自我封闭就是把自我局限在一个狭小的圈子里，隔绝与外界的交流与接触。自我封闭的人就像契诃夫笔下的装在套子中的人一样，把自己严严实实地包裹起来，因此很容易陷入孤独与寂寞之中。

我们每个人心中都有一座美丽的大花园。如果我们愿意让别人在此"种植"快乐，同时也让这份快乐滋润自己，那么我们心灵的花园就永远不会荒芜。可一旦我们把这座花园封闭起来，那么阳光和雨水将不能到达这里。

让人间成为有爱的地方

　　在物质生活极其丰富的今天，很多人不懂得珍惜现在的幸福生活，只知道一味地索取。他们往往只对自己的不幸感到悲伤，却不为别人的付出感动。

　　有些人总是把父母的关爱、朋友的鼓励、师长的呵护当成理所当然的事，一遇到失败和挫折就觉得是上天不公；看着别人幸福快乐就觉得是上苍欠他的，而一旦自己背信弃义却无丝毫歉疚之意。他们的心中只有自己，恩情于他们而言如同草芥，这样的人即便用尽手段得到自己想要的，也终究得不到幸福和快乐，因为他们缺少一颗感恩的心。懂得感恩的人总是怀着善意去面对生活，这样的人即使日子过得平淡，即使会遇到挫折，也会感到幸福而充实。

一个青年丢了工作，他四处寄求职信，但都石沉大海。一天，他收到了一封回信。但回信的内容却是斥责他没有弄清楚公司所经营的项目就胡乱投递求职信，并指出求职信中语句不通，借此把青年嘲笑了一番。青年虽然有些沮丧，但他觉得这是别人给他回的第一封信，而且回信人在信中的确指出了他的不足。为此，他还是心怀感恩地回了一封信，在信里对自己的冒失表示了歉意，并对对方的回复和指导表示了感谢。几个星期后，青年得到了一份合适的工作，而录用他的正是当初回信拒绝他的公司。

故事中的青年正是因为有一颗感恩的心，即便是别人小小的关注，也使他心怀感激，因而得到了一份合适的工作。

在我们的生活中，也许真正救命的恩情和需要用一生报答的恩情很少，但即使是别人的举手之劳，或者是一个鼓励的眼神、一个善意的微笑，只要为我们的心增添了一份勇气，这其实也是一种恩情，也是我们应该经常感念、不能忘记的恩情。

怀着一颗感恩的心去面对生活，人生就会过得幸福而充实。然而有些人却做着忘恩负义的事。

有一位好心人曾出资 300 万元资助了 178 个贫困学生。当他病重住院，经济十分困难时，他先前资助过的那些学生，竟然没有一个人来看他。其中有好几个已经大学毕业，有几个就在他所在的城市。新闻披露后，有一个受助者居然怨气十足地说，这让他很没有面子。

资助者用感恩的心回报社会，想用自己的能力温暖一些自卑和受伤的心灵，他虽不图回报，但也一定希望那些被资助的人能有一颗感恩的心。

感恩，是中华民族的传统美德。古人说"滴水之恩，当涌泉相报"，让感恩之心感染每一颗心，让人间成为有爱的地方吧！

感谢那些贬低你的人

有人说，人生是一次长途跋涉，旅途中有曲折和险阻。当你陷入人生的低谷时，周围的人也许还会攻击、嘲笑、讽刺你。此时，你可能觉得世态炎凉，开始抱怨、痛恨……但这种消极的处世态度又有何用呢？能改变他人对你的看法吗？不能！相反，如果我们始终抱着感恩的心态看待问题，也许就会有不同的看法：你会看到别人对你的贬低也是一种鞭策，没有他们的贬低，你无法看到自己的不足，也就无法进一步完善自己，更无法进一步激发自己不断奋进的心。所以，无论遭受怎样的苦难，都应该心怀感恩。感恩是一种处世之道，它能让我们少一些怨恨，看到世间更多的美好。

其实，很多时候，我们在面对他人的责难与攻击时，最需要超越的就是自己心灵的局限。如果我们能以感恩的心态面对一切，就能突破心灵的桎梏，排解掉痛苦！

日本著名的丰田汽车公司的原社长石田退三，幼年时家境贫穷，没钱上学，只能到京都的一家洋家具店当店员。在家具店工作了8年后，由朋友的母亲介绍，到彦根做了赘婿。入赘后，他才知道太太家也没有多少财产。

贫困的生活是很无奈的。他只得将新婚太太留在彦根，一个人到东京一家店里当推销员。所谓的推销员，其实就是推着车子去推销货品的小贩。一年多后，他的身体终于支撑不住了。无奈之下，他离开东京回到彦根。

然而，在家等着他的并不是温暖和安慰，而是鄙视的目光。"你真是个没有用的家伙！"周围的人看他的目光是如此，岳母更是丝毫不留情。她说："你是我见过的最没有用的人！"这些羞辱几乎气得他眼前发黑。这样过了几个月后，他终于承受不了这些沉重的压力。

他抱着黯淡的心情，前去"琵琶湖"，想在这里结束自己的生命。看着平静的湖面，他忽然间恍然大悟。他猛然抬起头来，心想："如果我真有跳进琵琶湖的勇气，为什么不拿这勇气来面对现实，奋力拼搏，打开一条出路呢？我应该尽自己最大的努力，奋发图强，克服重重困难，用坚定的毅力做出一番轰轰烈烈的事业来！"

这个想法让石田勇敢地站了起来，一股强大的力量仿佛在他体内激荡着。他不再满脸愁容，不再逃避现实，而是搭上了回家的火车。

从此，他不再自怜自叹，他托朋友介绍自己到一家服装商店当店员。在这里，他重新鼓起奋斗的勇气，将忧愁化为力量，用坚定的毅力承受来自各个方面的压力和打击。

40岁时，他到丰田纺织公司服务。他不怕艰难，刻苦奋斗，全力以赴地投入工作中。对他处事得当的能力、一丝不苟的精神，丰田佐吉大为赏识。1950年，石田任丰田汽车社长，为丰田后来的发展打下极为坚实的基础。

正如石田后来回忆的一样，人生就是战场，在这个战场上打胜仗的唯一法宝便是斗志和毅力。"我要感谢那些曾经给过我压力的人和曾经光顾过我的困难，如果没有它们，我不会有今天。"的确，对于石田来说，他的人生转机就来自于他面对周围那些鄙视目光的反省，这场反省让他及时清醒，并认识到了毅力的重要性。

所以，当我们发现周围异样的眼光时，不妨换个角度看人生，这是一种大智慧。当然，换个角度看待人生，这说起来容易，做起来却是件难事。它不是身体方位的改变，也不是空间、时间的转换，而是人的心灵和思想观念的转换。

不经历风雨，怎能见彩虹？不经历寒冷，怎知道温暖？从现在起，不妨抱着一种感恩的心态处世吧，感谢别人给予的嘲笑、讽刺、责难、贬低吧，把它们当作是前进路上的鞭策，以感恩的心寻找生活中的阳光和希望！

对身边的每一个人都心怀感恩

因为花儿不可能一年四季都常开不败，也因为月亮不可能从月初圆到月尾，所以我们才有了对春天的向往，才有了对月圆的期盼，于是，花好月圆成了最普遍的幸福生活的代言。幸福能给人快乐的感觉，常使我们陶醉于甜蜜的眩晕中。

对于幸福的体验以及追求，我们每一个人都会有所不同。饥寒交迫的人认为能一生衣食无忧便是幸福；身有残疾的人觉得能拥有健康的体魄就是幸福；生活富足的人坚信精神的充实才是最大的幸福。我们大部分人总是无法把握当下，无法从实实在在获得的东西中去寻找幸福、感受幸福，总是觉得最大的幸福永远在离我们很远的地方。

我们应该懂得感恩，感恩我们现在拥有的一切。抛却所有愤恨不平，抛却所有怨天尤人，让我们心怀感恩：感谢所有爱过我们的人，因为他们让我们沐浴了阳光；感谢所有伤害过我们的人，因为他们教会了我们成长；感谢生命中所有的快乐幸福，因为它们使我们心田洋溢着芬芳；感谢生活中所有挫折磨难，因为它们让我们变得更为坚强。

我们要感恩自己的父母、兄弟姐妹。我们的生命是父母给予的，是父母将我们养育成人，是父母给了我们世界上最伟大而崇高的亲情，是父母让我们真正懂得了什么是骨肉至亲。是兄弟姐妹给了我们长久的陪伴，是兄弟姐妹让我们懂得了什么是手足情深。"打虎要靠亲兄弟，上阵还需父子兵。"当你遇到生命的挫折、人生的艰难、生活的不幸时，第一时间赶到你的身边，和你分担的人是谁？那一定是你的父亲、母亲，一定是你的哥哥、弟弟，一定是你的姐姐、妹妹！

我们还应该感恩老师，是他们为我们打开了知识的宝库，给我们点亮了人生道路的灯塔，还给了我们在人生大海上奋力拼搏的船桨。我们还要感恩长辈，是长辈让我们知道了什么是人伦道德，什么是"老吾老，以及人之老"，什么是"幼吾幼，以及人之幼"。

我们更应该感恩自己的爱人，是爱人和我们牵手同行，是爱人伴我们共走人生风雨路，是爱人和我们共同承担起赡养老人的义务，是爱人和我们一道肩负起养育子女的责任，是爱人和我们相濡以沫，相互扶持。

我们要感恩身边的朋友。所谓"路遥知马力，日久见人心""岁寒知松柏，患难见真情"，真正的朋友，能够让你永远都有坚实的依靠，他们不仅愿意和你同尝甘甜，而且能够和你共担苦难，甚至以生命来践行对你的承诺。我们要感恩每一位朋友，因为他们与我们在某一段生命的路途上相伴而行，在遇到坎坷不平时互相搀扶着艰难前进；在需要跋山、需要涉水时，携手拼搏，并肩前行；在雨后一起看天边绚丽的彩虹。

　　我们每一个人，其实根本没有必要太过于奢求什么，别过分抱怨生活的不公、命运的不平、造化的弄人。我们应该常怀一颗感恩的心，感恩大自然，感恩父母兄弟，感恩师长长辈，感恩爱人朋友……

体谅与包容是智慧的体现

拳击台上正上演着一场拳王争霸赛。

交战双方，年龄较大的叫卢卡，32 岁；另一个年轻点的叫拉瓦，26 岁。大战几个回合后，两个人不分胜负。

下半场决胜局，拉瓦几次重击，卢卡的脸上伤痕累累。几个回合后，拉瓦立即向卢卡表达自己的歉意。他先替对手擦干净血迹，又用水为他清洗。整个过程都带着内疚，好像自己做错了什么事。由于上了年纪，体力下降，卢卡一次次被拉瓦的出击击倒在地。规定是，一方倒下，裁判便开始计数，倒数结束如果起不来，另一方就赢了。然而不等裁判数完，拉瓦就主动扶起对手。起身后，双方总是相视一笑，然后继续比赛。

之前的比赛从没出现过这样的情景。

最后，拉瓦赢了，大家都为他喝彩。拉瓦却很平静，他走向一旁的卢卡，把一大束鲜花送给了他。

最后双方相拥，互相祝贺，就像久别的朋友。虽然是对手，但不失情谊。他们紧握对方的手高高举起，向观众道谢。台下观众情绪激动，报以更为热烈的喝彩声。

懂得包容是智慧的体现，包容比暴力更有用。宽容待人是大智慧，做到宽容别人便能应对不同的人。摆正自身与他人的位置，以倾听代替争吵，做一个善于体谅别人的人。

"丢开责怪的包袱，才能飞得更高。"包容，解放的不是别人，而是自己。

一天，老板命麦克外出谈生意，并告诉他："你需要助手的话，自己挑。"

麦克道："林肯吧。"他的选择让老板很不解。林肯出了名的懒，缺点又多，麦克怎么会选他呢？

麦克解释道："这次生意很重要，林肯本是项目组成员，把他丢下了，他肯定不高兴。他若是搞内部破坏，那后果谁能预料？带着他，给点功劳，他就会安分。于己于人，这么做都不会错。"老板一听，觉得很有道理，对麦克大为赞赏。

　　包容与宽容，是不可或缺的品质。适时地体谅与包容绝不代表胆小懦弱，畏首畏尾；宽容也并非是包庇、隐瞒，而是理解与帮助。将心比心，设身处地，就能做到友善待人，平易近人。以柔克刚，才是大智慧，最终，你的收获将不可限量。

豁达的人能有效抵御外界的攻击

世上没有绝对的完美，人也一样。子曰："三人行，必有我师焉。"当你虚心接受别人的指责与批评时，你会发现除了极少数的恶意伤害外，大部分还是有益的建议。豁达是心胸开阔，性格开朗，遇宠不骄，处变不惊，万事顺其自然，一颗平常心笑看人生得失。

赫金斯刚毕业的时候，从事过的职业包括伐木工、售货员、家教、作家，如今，他是名校芝加哥大学的校长。

接任初期，他面对的是批判、反对声不绝于耳，大多数人的理由是：他年龄小，又没经验，对教育体系认识尚浅，没有文凭……

赫金斯听到这些没有生气，相反还表现得很豁达，因为他相信只有认真去做才能让人们改观，而且他不可能让所有人都满意，那就一切顺其自然吧。

赫金斯宣誓任职时，有人告诉他的父亲："看看报纸怎么说你儿子的，说得很难听。"然而他的父亲却表现得很淡定，说道："对，说得很严厉。但我从不担心人们批评和攻击他，而是担心没有人理睬他。"

由此可见，豁达、乐观的人更能有效地应对外界的攻击。

现实中遭受了攻击，可以尝试用豁达的心态来处理：

（1）面对怒火中烧的人，针锋相对没有任何意义，所以要冷静、淡定。

（2）静下心慢慢说，使气氛缓和下来。

（3）不要发怒，不要争论，否则会让人觉得你很小气，就算批评很"无理"，也要坚持听完。

（4）不要打断别人，尽量听人说。尽量让对方说完，也有助于你保持平和心态，并与之交流。

（5）听完后再回复他人。你的主动谦让退步，是给对方最有力的回应。

（6）不时地重复两句对方的观点，说明你在听，并认真在听，这能让你的回复更有力。

人生需要给予

　　哲人说："人生需要给予。"其实，人生在世每个人都在给予，有人的给予是为人所见的，有人的给予是不为人所知的。正是因为这世界有了给予，生活才变得更加美丽。

　　著名励志大师卡耐基就他的推销经历谈道："我每天早晨干活时都这

样想："我今天要帮助尽可能多的人，而不是我今天要推销尽量多的货。"这样我就能找到一个跟买家打交道更容易、更开放的方法，推销的成绩就会更好。谁尽力帮助其他人活得更愉快、更潇洒，谁就实践了推销术的最高境界。"这其实就是给予的力量。

同样，给予也是寻找快乐的最好方法之一。把自己的爱心无私地奉献给别人，在你遇到困难的时候，别人也会给予你帮助。在给予与被给予的过程中，你会发现给予的魅力。

　　一位青年在 18 岁生日那天，央求哥哥送给了他一辆漂亮的轿车做礼物。一位十多岁的男孩邻居看了后羡慕不已，在轿车旁左右端详。青年以为少年会说"要是有人送我一辆就好了"，但出乎他的意料，少年说的却是"要是我能送一辆给弟弟就好了"。青年深为少年的一颗诚心所感动，就主动提出用车送少年回家。

　　到家后，少年让青年稍等一下，然后进屋用轮椅推出了弟弟——原来，少年的弟弟身有残疾。此时，青年以为少年要让他的弟弟也坐一坐这辆新轿车，可是他又错了——少年指着轿车对自己的弟弟说："看吧，这是他哥哥送给他的礼物，将来我也要送给你这样的礼物。"

　　两次误会使青年明白了一个道理：少年一心想的是要"给予"他人，他也因"给予"而感到快乐。

的确，给予的快乐是索取远远无法企及的，尽管有些给予的作用显得微乎其微，可能只是一个遥遥无期的承诺，甚至只是一个宽慰或赞赏的微笑，却也足以让他人从中受益。因为给予多半是建立在坦荡无私的基础上的，因此让接受的人感到亲切和自然。

爱因斯坦说过："一个人的价值，要看他给出了什么，而不应该看他拿走了什么。"给予与获得是相辅相成，相互循环不止。给予，其实就是得到，给予越多，得到也越多。

Part

6

静心前行，
用理智控制情绪

远离负面情绪

　　一位刚刚踏入歌坛的歌手，将自己精心制作的录音带寄给一位有名的制作人之后，便开始每天守候在电话机旁边等待回音。第1天，这位歌手满怀希望，在等待的过程中，始终保持着极佳的情绪，并且与人大谈他未来的音乐抱负。之后的几天仍是如此。到了第17天时，因为情况不明，他的情绪开始起伏波动。到了第37天，因为他对前程感到了忧心，情绪便显得十分低落。到了第57天，他的情绪已经糟糕透顶，认为自己的希望落空了。此时电话铃声突然响起，满心的负面情绪让他拿起电话，想也没想就对电话那头的人破口大骂。当他发泄完情绪，冷静下来之后，对方告诉他："我是收到你录音带的制作人，不过你似乎并不乐意接到我的回电，那么我很遗憾地告诉你，我们应该不会有合作的机会了。"这位歌手终因难以控制自己的负面情绪而错失了一次机会。

　　"你现在是欢喜悲伤，还是一点儿也不知愁？"这是歌手李宗盛曾经演唱过的一首歌曲中的歌词。人们的情绪会不断地变化，甚至在某一段时间内，也能经历喜怒哀乐多种情绪。即使如此，我们还是能够对自己的情绪进行适当的调整，这也就是说，只要我们能时刻提醒自己、鼓励自己，就能够保持好情绪。

如果我们的情绪不能维持一定的稳定性，或者经常反应过于激烈，那么就难以建立良好的人际关系，所以我们需要学会如何稳定、疏导并且调整自己的情绪。有许多心理医生认为，大部分情况下的不快乐，均是起源于情绪得不到疏通，而当人们能够疏导自己的情绪，不再长时间沉浸在负面情绪中时，整个人就会变得心平气和、轻松愉快。那么，我们该用什么方式来疏导、调适自己的情绪呢？

有人询问一对结婚 50 年的老夫妻，是否有维持婚姻幸福的秘诀。老先生回答说："我跟我妻子结婚的时候有一个约定，那就是当她有烦恼时，她可以告诉我；而如果我对她有所不满，我就要出去散步。因此，我想我们婚姻美满的主要原因，就是因为我大部分的时间都是在户外度过的！"

虽然这是一则流传很久的笑话，但是我们也能从中明白一定的道理。在日常生活中，大家难免会遇到些挫折和不愉快的事情，并为此感到生气、

焦虑、烦恼、不安。这些负面情绪要是经常发作的话，除了会对身体健康产生影响，还会造成人际关系上的紧张。

心理医生梅耶曾经说："烦恼会影响到人体的血液循环以及人们的神经系统，因此多数的人都是被自己给'烦死'的！"所以，在感觉情绪不佳时，你可以学习故事中的老先生外出散步；也可以拿着一个软软的枕头，走进一个能让你独处几分钟的房间，做几个深呼吸，或者用枕头蒙住自己的脸，尽情地大声尖叫或怒吼，如此一次一次地重复，直到你感觉所有的情绪都已经释放出来；你也可以找个无人的角落静坐片刻，让大脑放空，让自己冷静下来。

由于人是具有情感的群居动物，所以我们对外界会产生许多好的、坏的情绪，这也是十分自然的事情。只是，有一些人习惯于压抑自我真实的情绪，也许是个人的性情使然，也许是为了顾及某些人。然而，无论压抑什么样的情绪，都会对身心健康造成伤害！

如果你要带着负面的情绪和难看的表情开始你一天的工作，那么这将会影响到你当天的举止态度，也会决定你在那一天里的遭遇。所以，你要学会疏导、调适自己的情绪，当你带着高昂的情绪开启一天的生活和工作时，也必将收获美好的一天。

当我们知道如何调节负面情绪时，就会避免因为一时的情绪失控而产生不良的结果，我们便能够经常保持愉悦的心情，从而成为一个情绪管理的高手！

冲动是最无力的情绪

早晨 8：00 是上班的高峰期，章名开车出门去上班。由于上班途中车流量很大，章名被堵在半路上，眼看就要迟到了。前面的司机移动得很慢，这让章名十分冒火。他开始拼命地按喇叭，可前面的司机依然不为所动。章名气极了，他满脸怒容，握住方向盘的手开始发抖，额头开始冒汗，心跳加快。他真想冲上去把那个司机从车里扔出来。

又过了一会儿，前面的车还是停滞不前。章名实在无法控制自己了，他冲上前去，猛敲前面车辆的车门。前面的司机也不甘示弱，打开车门，冲了出来。就这样，一场恶斗在大街上开始了。结果章名打碎了那个人的鼻梁骨，犯了故意伤人罪，等待他的是法律的严惩。这下章名不仅没赶上上班的时间，而且连工作也彻底丢了。

章名遭遇的一切都是由他的冲动造成的。

冲动是一种不良的情绪反应，是强烈愿望的一种表达形式。

研究发现，高风险基因变异的人其大脑前额叶区功能差，不会调节情绪。此研究的主持人安德里亚博士说："我们认为，一方面，情绪调节差的人使早年生活情绪反应强烈；另一方面，自控力差又导致晚年生活一团糟。"冲动的情绪其实是最无力的情绪，也是最具破坏性的情绪。

　　禅师正在打坐，这时来了一个人。他猛地推开门，又砰地关上门，然后踢掉鞋子走了进来。

　　禅师说："等一下！你先不要进来，先去请求门和鞋子的宽恕。"

　　那人说："你说些什么呀？我听说你们禅宗的人都是疯子，原以为那些话是谣言，看来这话不假。你的话太荒唐了！我干吗要请求门和鞋子的宽恕啊？这真叫人难堪……"

　　禅师又说："你出去吧，永远不要回来！你既然能对鞋子发火，为什么不能请它们宽恕你呢？你发火的时候一点也没有想到对鞋子发火是多么愚蠢的行为吗？如果你能同冲动相联系，为什么不能同爱相联系呢？当你满怀怒火地关上门时，你便与门发生了关系，你的行为是错误的，是不道德的，那扇门并没有对你做什么，你既然做错了，不该请求它的宽恕吗？你先出去，否则就不要进来。"禅师的启发让那人顿时领悟了。

于是，他出去了。当他抚摸着那扇门请求它的宽恕时，他的泪水夺眶而出。当他向自己的鞋子鞠躬时，他的身心发生了巨大的变化。

禅师的话对他起到了醍醐灌顶的作用。的确，没有冷静的情绪，一味地冲动是无法走向成功的。只有冷静、理智的人才能与成功结缘。

许多人都会在情绪冲动时做出使自己后悔不已的事情来，因此，应该采取一些积极有效的措施来控制自己冲动的情绪。

1. 用理智来对抗心中的冲动

当你被别人讽刺、嘲笑时，如果你顿时暴怒，并反唇相讥，则很可能让双方争执不下，场面可能一发不可收拾。但如果此时你能提醒自己冷静一下，采取理智的对策，如用沉默作为武器以示抗议，或只用寥寥数语正面表达自己受到的伤害，指责对方的无聊，对方反而会感到尴尬。

2. 进行自我暗示和激励

自制力在很大程度上表现在自我暗示和激励等情绪控制上。情绪控制的方法有：在你从事紧张的活动之前，反复默念一些树立信心、给人以力量的话，或用座右铭时时激励自己；在面临困境或身处危险时，利用口头命令，如"要沉着、冷静"，给自己积极的暗示，以获得精神力量。

3. 进行放松训练

研究表明，失去自我控制或自制力减弱的情况，往往发生在紧张的心理状态下。当你感到紧张、难以自控时，可以进行些放松训练或按摩活动等来提高自控力。

4. 培养兴趣，怡养性情

你平时可进行一些有针对性的训练，培养自己的耐性。可以结合自己的业余兴趣爱好，选择几项需要静心、细心和耐心的事情来做，如练字、绘画、制作精细的手工艺品等，这不仅陶冶性情，还可丰富你的业余生活。

快乐也要适度

真是乐极生悲。

快乐，本是一件令人心情舒畅的事情。但物极必反，任何事情都有一个"度"，过了这个"度"，事情就会向相反的方向发展。快乐也一样，在一定程度上，高兴能让一个人有积极的表现，但高兴过度则会伤"心"。中医上有个说法叫"喜乐无极则伤魄，魄伤则狂，狂者意不存"，即过度的"喜"，会使人心神不安，甚至语无伦次，举止失常。另外，过度喜悦还可能引起身体上的不适，表现为心跳加快，头晕目眩，不能自控。某些心脏疾病患者，还可能因过度兴奋而诱发心绞痛或心肌梗死，正所谓"乐极生悲"。因此，喜乐应当适度。

古往今来，中外历史上有许多乐极生悲的事例。

相传，古希腊有位名叫蒂亚高拉·德罗特的老人，他有三个擅长体育的儿子。在一次奥林匹克运动会上，三个儿子分别参加了不同的项目，没想到都获得了冠军。在运动场上，蒂亚高拉高兴地奔上前去，与三个头戴桂冠的儿子热烈拥抱，正大笑之时，突然倒地不起。

菲利庇德是一名古罗马喜剧诗人。他曾多次参加诗歌大赛，但屡屡受挫，他的信心也因此大受打击，于是他决定参加完最后一次诗歌大赛后便告别诗人生涯。但是他在这次大赛上获得了梦寐以求的成功，然而，他却因为兴奋过度笑得窒息而死。

此外，当一个人快乐到极点而得意忘形的时候，最容易放松警惕，往往看不见即将来临的灾难。

希腊神话里有这样一则故事：

戴德洛斯是希腊最具才干的发明家。有一次，麦诺斯王交给他一个任务：让他建造一座迷宫，这个迷宫必须是任何人都走不出去的。戴德洛斯自视才智过人，毫不犹豫地答应了麦诺斯王。

修建一个复杂的迷宫可能不是难事，但是建一个任何人都走不出去的迷宫可没那么容易。戴德洛斯果然聪明过人，经过一番冥思苦想，他终于设计好了迷宫。迷宫建成后，戴德洛斯马上赶去向麦诺斯王报告。他信心十足地说："我建的迷宫天下无人可破。"正当他得意扬扬之时，麦诺斯王却说，只有连建造者自己也走不出去的迷宫，才算成功。于是，麦诺斯王便将戴德洛斯和他的儿子伊卡罗斯都关进了迷宫。

　　这个迷宫确实异常复杂，戴德洛斯自己走了好久也没能走出去。不过，聪明的戴德洛斯转念一想，既然在地上走不出去，那能不能从上面逃出去呢？他灵机一动，找来了羽毛和蜂蜡，做成两对翅膀，准备和儿子从迷宫上面飞走。

　　起飞前，戴德洛斯交代儿子，不要飞得太高，千万别靠太阳太近。伊卡罗斯飞到空中以后，发现自己就像小鸟一样，在天空自由自在地飞翔。他特别兴奋，不一会儿，就把父亲的忠告全部抛到了脑后！他越飞越高，不久，在太阳光的照射下，蜂蜡一点点融化，羽毛一片片散落，翅膀也慢慢崩解了，伊卡罗斯坠落身亡。

可见，快乐也要适度，切忌被快乐冲昏了头脑。而要做到这一点，平时就应该养成良好的心理素质。

　　首先，要始终保持心理上的平衡，当你进入充满激情、浪漫或刺激的境界时，你应该知道自己不可能永远处在这种状态中。当你有了这样的心理准备时，你的情绪就不会处在大起大落的状态下。只有情绪稳定，才能保持身心健康。

　　其次，要学会理智地控制自己的情感。当你现在所处的环境能让你感到无比快乐和兴奋时，你应该及时提醒自己调整自己的情绪，以保持适度的冷静和清醒，让自己的思绪和行为都合乎情理，以避免因内心的情绪过于激动，而乐极生悲。

愤怒时不要急于回应

　　新一届竞选开始了，一名准备竞选的参议员苦思冥想如何才能在竞选中胜出。

　　他的一位"智囊"说："我可以帮你，但是你必须按规矩做事。我给你一个准则，如果你违反我教给你的方法，就要罚款10元。"

　　候选人说："好，你说吧。"

　　"那么，就从当下开始吧。"

"行，就从现在开始。"

"我教你的第一个方法是：你要学会忍耐，无论别人对你有什么不好的评价，怎么贬低你、骂你、指责你、批评你，你都不许发怒。"

"这个很简单，忠言逆耳利于行，所有不顺耳的言语都利于我的成长。"候选人轻松地答应了。

"你能这么认为最好。我只想让你懂得并记住这句话，因为在所有的建议中这是最最简单的方法。不过，像你这种愚蠢的人，不知道什么时候才能记住。"

"大胆！你竟敢这样评价我！"候选人气急败坏地说。

"你输了，请给我 10 块钱。"

尽管有些不情愿，但是候选人知道是自己违反了规则。于是，他无奈地把钱递给"智囊"，说："这次是我的不对，请你继续发表你的意见。"

"这条规则最重要，其余的规则都差不多。"

"你就是个彻彻底底的骗子！"

"不好意思，你又输了，请给我 10 块钱。""智囊"摊开手道。

"你的钱来得如此容易。"

"就是啊，你赶快拿出来，你曾经许诺的事情如若没有做到，我会让你为此付出代价。"

"你比狐狸还要狡猾。"

"不好意思，你再次输掉了，请给我 10 块钱。"

"呀，又是一次！好了，我保证以后不再犯了。"

"就这样吧，我并不是真心要骗你的钱。你出身那么贫寒，父亲也曾因不还人家钱而声誉不佳！"

"你可以侮辱我，但是不要侮辱我的家人！你这混蛋！"

"看到了吧，又是 10 块钱，这下你无药可救了。"

当候选人一脸哭丧的时候，"智囊"接着说："现在你总该知道了吧，一定要克制自己的愤怒。情绪的控制并不是简单的事情。在竞选时，你发一次脾气就不是赔上 10 块钱这么简单了，你失去的将是人民的信任，这是金钱不可估量的。"

时光如同一条奔流的河，人生在其中，就如同一叶轻舟，难免会磕磕碰碰，愤怒就像是河底的暗礁，让人无处可逃。当我们愤怒时，不要急于作出回应，而要积极调整自己的心态，等到冷静下来后再作打算。

成功者不抱怨，抱怨者很难成功

    喜欢抱怨就像一种顽固的疾病。正如一位职场培训专家所说："抱怨是人类较普遍的一种情绪，与此同时，它也是最好的借口。"爱抱怨者总是难成大器，因为抱怨于人于己毫无意义。

张星和刘全是大学同学，二人一同进入一家保险公司从最基础的保险业务员做起。刘全认真做好自己的每一项工作，在工作中尽职尽责、恪守规则。因为工作积极、业绩出众，仅仅半年时间便成了公司的顶级推销员。尽管如此，他依然抱着积极的态度，在工作中不断进取。又过了两年，他顺利地荣升为市场总监。而张星在入职 3 个月后，因为工作总是打不开局面，于是开始抱怨。他不是抱怨自己被不公平对待，就是抱怨工作太难，有时还会抱怨待遇太低，从此在工作中变得慵懒散漫。结果，刚干满 4 个月，他便辞职重新开始找工作了。

有一次，刘全代表企业参加招聘会，意外地碰见了张星，但张星参加招聘会的目的只是为了谋求一份工作。原来，他从这家公司出去后，因为找不到满意的工作，一直处于找工作的状态。

其实，抱怨只会让人懒惰、不负责任。这种方式非但不能解决问题，反而还会引发各种矛盾。喜欢抱怨的人永远只看得到别人身上的缺点，因此不断地抨击他人。当受到别人责备时，他们总是抱怨世事不公，以为自己受到了他人不公平的对待。于是，自尊心受损而难以接受，便开始争执和消极对待。

生活和工作中的失败是不可避免的，把自己的不足和失败归罪于别人总是比较容易的，将自身的责任推卸给他人也异常容易，爱抱怨者便常抱着这样的心态。他们总认为自己不会做错事情，不论发生了什么事情，他们都有很多理由敷衍了事，把问题怪罪到其他人的身上。

事实上，那些喜欢抱怨的人即便是人才也难以成大事，因为他们把大部分的时间都花在没有价值的抱怨上。成功者从不抱怨。当面对失败时，他们会反思自己的不足，吸取经验教训，不断提高自己。成功者清楚自己的短处和弱点，所以他们不断学习别人的长处以达到成功的目的。

　　比尔·盖茨曾说："人生注定不会公平，我们能做的只是顺从。请记住，永远都不要抱怨！"爱抱怨的人永远只会在起始的地方徘徊，而成功者从不抱怨，他们会在一番努力后冲过终点线，获得成功。

学会平静地化解矛盾

　　生活中充满了矛盾。交往活动中有了矛盾时，情绪控制便显得十分重要。善于控制情绪，可化解矛盾；失去情绪控制，矛盾会更尖锐。心理素质差的人，与人交往时一有矛盾便"怒从心头起，恶向胆边生"，往往把气氛搞得剑拔弩张，把事情弄得更糟，使本来不大的矛盾激化而无法解决；心理素质好的人，碰到矛盾，即使非常生气，也能强压怒火，调整控制自己的情绪来妥善解决矛盾，使大事化小，小事化无。

有一位老教师在拟考试题时出现了失误。集体阅卷时，一位年轻教师便对试题评头品足，言辞极不客气。老教师本来因自己的失误而感到很内疚，但见年轻人如此让他下不了台，也气不打一处来，结果双方大吵起来，导致阅卷工作难以进行。在争吵得不可开交时，阅卷组长便让他俩都离开阅卷室。等双方都冷静下来后，组长分别找到他们二人，心平气和地给他们做工作，特别向年轻教师指出：不该不顾老教师的面子而言辞太过犀利地评价试卷；还开导年轻教师向老教师道歉。最后，矛盾得以化解。

这可以看出，老教师和年轻教师的心理素质都较差，不知控制自己的情绪，加剧了矛盾；组长显然对自己的情绪控制较好，他未在双方争吵过程中加入争吵，而是让双方冷静下来后再进行劝解，终于化解了矛盾。试想一下，如果组长在二人冲突时也大发其火，想必事情会弄得不可收拾。

我们在与人相处时，不可能事事都如意，不可能每个人都对我们笑脸相迎。有时候，我们也会受到他人的误解，甚至嘲笑。这时，如果我们不能控制自己的情绪，就会造成人际关系的不和谐，对自己的生活和工作都将带来很大的影响。所以，我们要学会控制自己的情绪。

凡是允许其情绪控制其行动的人，都是弱者，真正的强者会迫使他的行动控制其情绪。一个人被人误解或嘲笑，他不应该感到愤怒，而应该冷静地分析。如果对方说的确有其事，他就应该勇敢地承认，这样不仅不会对他造成损害，还会帮助他树立诚实、勇敢的形象；如果对方的说辞毫无事实根据，那么这些对他也是毫无损失的，他大可置之不理。

有的人在与人交流合作中听不得半点"逆耳之言"，只要别人的言辞稍有不恭，他不是大发雷霆就是极力辩解，其实这样做是不明智的。因为这不仅不能让他赢得他人的尊重，反而会让人觉得他不易相处。

美国总统罗斯福年轻时体力比不上别人。有一次，他与人到白特兰去伐树。到晚上休息时，他们的领队询问白天各人伐树的成绩，同伴中有人答道："塔尔砍倒 53 株，我砍倒 49 株，罗斯福使劲咬断了 17 株。"

这话对罗斯福来说可不怎么顺耳，但他想到自己砍树时，确实和老鼠营巢时咬断树基一样，不禁自己也觉得好笑起来。

在人际交往中，一些事惹你恼火、生气是正常的。但是，如果你不能控制自己的情绪，任情绪随意发作，害处可能更多。首先，生气会使你的思维混乱，口不择言，使你陷入某种尴尬的境地。其次，由于你过于激动，可能会在"心不平，气不和"的状况下做出一些过激的事。

在人际交往中有哪些有效的"制怒"方法呢？下面介绍三种办法，供大家试用。

1. 以静制动

当听到别人发表言论态度不友好时，不要动怒，先让自己的情绪平静下来，以静制动。以静制动的关键是及时调整自己的心态，冷静理智地看待出现的问题。

2. 以柔克刚

在日常生活中，你有可能会遇到蛮不讲理的交际对手，比如对方在并不占理的时候，偏偏叫嚣不停，甚至还拍桌子，百般刁难威胁，甚至提出无理要求。这类人通常只是虚有其表的纸老虎，或者是自视过高、目中无人的偏激人物，只要你冷静沉稳，懂得以柔克刚，便能应付他。首先，你不能被他的气势压倒。其次，你也不要与他正面交锋，更不能怒不可遏，针锋相对。你要不为所动，用温和的、镇定的话语表达自己的观点。当他发现威胁恐吓都无法达到目的时，他就会偃旗息鼓，改变态度了。

3. 以德报怨

生活中有时会遇到居心不良者的蓄意诋毁。这时，你千万不要动怒，因为发怒只能使矛盾扩大，对解决问题、改善人际关系绝无好处。你可以选择以德报怨的办法，诚恳待人。在人际交往中，以恶对恶，以牙还牙，是下策；以德报怨，以诚感人，才是上策。

正确控制和调适悲观心态

小圆从小很不幸，同学和邻居总是对她指指点点。因此，她心里充满了自卑。她的内心很封闭、很悲观，这导致她交不到朋友。别人看她外表冷漠，也不愿和她交流。现在她长大了，虽然出众的外表使她有不少追求者，她也交了男朋友，可她还是很悲观，认为他们早晚会分开。她的男友开始还忍着，可现在也经常因为这个和她吵，她也知道自己过分了，可她控制不住自己。

最近，她的悲观情绪越来越强烈，好像做什么都提不起劲，感到很孤独，周围的生活环境也让她觉得很无趣。她也想改变，但又觉得自己能力不够，于是开始变得消极，变得越来越自卑。小圆是个爱思考的人，曾用很长一段时间来思考活着的意义，但她发现自己找不到答案。她觉得很迷惘，眼看就要大学毕业了，她不知道以后的路该怎么走。

心理学上认为，悲观是人对自己言行不满而产生的一种不安心理，它是一种心理上的自我指责、自我否定、自我的不安全感和对未来害怕的几种心理活动的混合物。它由精神引起，还会影响到组织器官，导致一些心理及生理疾病产生，如焦虑、神经衰弱、气喘等。

　　一般而言，容易悲观的人是与世无争的人。他们心地善良，洁身自好，在处理事务时习惯忍让、退缩、息事宁人，常常是生活中的弱者，生性胆小、怯懦。

　　极端悲观的人常用反常的方法保护自己。越是怕出错，越是将眼睛盯在过错上。因说错一句话会后悔半天，别人并未介意的事他也神经过敏，对人际冲突也极为恐惧。

　　一场战争结束后，有两个战败的士兵被敌人追得落荒而逃。他们躲到了一座深山里才摆脱了敌人的搜捕。忽然，饥肠辘辘的他们看到在不远的地上有一个水果。两人好兴奋，赶忙冲上去，却发现那水果被山猴给咬去了一半！

　　甲士兵说："唉！真是的，好端端的一个水果，怎么就被猴子给咬去了一半呢？真可谓祸不单行啊！"

乙士兵却说："啊！太好了！不管怎样，这水果至少还有一半，可以让我们充饥，不至于饿死啊！"

几天之后，两人终于回到了军营，后被分别派到了不同的队伍里去。

几年后，乙士兵升到了参将！而甲士兵呢？他仍然只是一个默默无闻的马前卒。

你相信吗，一个乐观的人，绝对比一个悲观的人更有机会成功！因为乐观的人，在每一个困境中都可以看到希望；而悲观的人，即使身处顺境，也只看得见烦恼！

同样是一件事，具有乐观心态的人总是能够看到事情的正面（积极的一面），而有悲观心态的人却总是看到事情的反面（消极的一面）。

正确地控制和调适悲观心态，可以从下面几点入手：

1. 不要仇恨世界

不要总认为整个世界都在和你作对。如果你这么认为，那是不合逻辑的，也太自我了。不要认为你已经看透了整个世界。要知道你永远无法预知未来，只要你积极努力，事情会朝着好的方向发展。所以，你不要认为所有事情都非常糟糕。

2. 寻找让你悲观的根源

很多已经根深蒂固的悲观情绪，它的源头可以追溯到你的孩童时期。因为那个时候，你的思想正在形成。如果你在自己的成长过程中看到的大部分是失望、背叛和失败，那么可能让你看问题持悲观的态度。有的时候，你也会受到父母悲观情绪的影响。不管是哪种原因，你的悲观情绪的根源是你周围的环境，而你也要相信，悲观情绪也能因为环境的改变而改变。

3. 要明白过去不等于未来

即使你之前经历了痛苦和失望，但并不能说明这些就是你今后人生的全部。也许在你的过去，有很多事情是你无法控制的。从某种角度来说，每个人都会遇到不幸的环境和经历。但是在我们的生命中，我们要学会去控制、去改变。一件事、一天或者一周的开始也许比较糟糕，但这并不意味着你注定有一个悲惨的结局。不要因为开始不顺，就不自觉地自我去设定更糟糕的结局。

4. 空想还是实干

你没必要太过于看重结果，也不必害怕不好的结果。不要不停地去想发生了什么，而应该想想你可以做什么。如果你觉得现在的生活方式不能让你快乐，那么你应该给自己设定一个目标，然后努力去实现它，而不是停留在对不快乐的抱怨上。自己努力去赢得胜利远好于努力去避免失败。

5. 认识到痛苦、失败只是生活的一部分，并不是生活的全部

生活本来就充满了风险和挑战，并不是每件事情都会有好的结局。痛苦、失败在所难免，但你没有必要认为自己只能活在痛苦、失败之中，而应该积极地去面对生活。

6. 学会感恩

把在你身上发生的好的事情列一个清单，在你觉得悲观的时候拿出来看看，并提醒自己并不是什么事情都那么糟糕。所以，要学会感恩。

7. 用正面的、积极的信条

用积极、肯定、正面的陈述，把你想改变的或者认为能够鼓舞自己的话写下来，贴到你每天都会看到的地方，提醒、激励自己。能激励你的话可以是"凡事皆有可能！""我唯一可以控制的就是我的人生态度！""凡事总是有选择的！"

8. 记住：生命是短暂的

当你觉得悲观情绪左右着你的判断，你开始觉得对未来失去信心的时候，不要忘了提醒自己生命是短暂的，时间是宝贵的，所以应该花时间去想、去做让自己开心的事情。悲观本质上是不切实际的，因为它让你在还没有发生且也不一定会发生的事情上浪费时间，它阻碍了你完成应该完成的事情。

9. 做一个理性的乐观主义者

乐观过头就成了极端乐观。如果你认为任何事情都会成功，坏的事情永远不可能会发生，那么你很有可能会做出错误的决定。一个理性的乐观主义者，不管事情好坏，他都会接受。"做最坏的打算，做最好的期望"——前者能让你更理性，后者会让你更乐观。

沉住气，
心越静越清醒

不抱怨，不夸耀，用业绩说话

在很多场合，我们常会听到上班族感叹薪水太少。薪水太少，是职场人对工作产生厌倦的一大原因。在你感叹薪水低的同时，你想过了吗，你到底值多少钱呢？

从企业诞生以来，赢取利润就是它所有工作的重心，也是它不可更改

的诉求。利润来自企业员工所创造的业绩，员工要想让自己的腰包保持"鼓鼓囊囊"的状态，就必须为企业创造价值。

观察当下企业的薪金构成可以发现，大部分的企业主要还是以岗位工资和绩效工资为主，其中绩效工资又占了很大的比例。比如人们比较熟悉的房产中介、汽车销售、保险推销等行业，员工的工资基本上与他们做出的业绩挂钩。所以，那些拿低薪的员工无须抱怨什么，只有做出业绩来，才可能改变"低薪"的现状。

杰克是西门子公司在英国的一家分公司的销售代表。他常常因自己取得的销售成就而感到自豪。他总是不放过任何一个向领导讲述自己成功销售经验的机会。他经常向经理韦恩讲述他是如何卖力，又是如何成功地劝说客户向自己下订单的。可是，韦恩每次只是点点头，微笑着表示欣赏。

杰克因此而感到非常失落，他觉得经理韦恩对他的成就毫不肯定。有一次，杰克终于鼓起勇气对韦恩说："韦恩，我很喜欢这份工作，也很喜欢这家公司。但是为何你总是对我不满意，是我的销售业绩还不够好？或者你认为我的销售方式有问题？或者你不喜欢我的客户？"

韦恩听后认真地回答："杰克，你做得很认真，但是你应该把更多的精力放在争取大客户上，而不是在我面前表现你有多能干。公司真正需要的是更多 5000 万的订单。"

杰克听后先是一愣，然后郑重地回答："我会的。"

杰克回去之后，立即把自己的客户交给了另一位销售代表，自己开始重新寻找大客户。显然这并不容易，但是杰克没有轻易放弃，他知道为公司争取到大客户是他现在唯一的目标。杰克用三年时间证明了自己，因为公司的大客户几乎都是他拉来的。因此，他也成为了销售经理，薪水自然也是水涨船高。

这个社会是残酷的，同时也是公平的，你付出什么就得到什么，反之亦然。这就是你面临的现实，不管你学历多高，资格多老，过去如何辉煌，假如你不能为企业创造业绩，你是不会得到重用的。在企业中，要想有卓越的发展，令人羡慕的高薪，你只有努力创造出业绩来。

业绩代表一个员工的能力，业绩多少也是衡量员工是否优秀的标尺。业绩不单是员工登上"职场珠峰"的有力工具，更是企业战斗力与竞争力的充分体现。

在一个商务恳谈会上，有人问一家公司的总裁："这么多年，贵公司是如何一直保持向上的势头的呢？"

这位总裁回答道："其实很简单，那就是让你的员工不停地创造业绩，有业绩就能晋升，没有业绩就面临淘汰。员工的福利待遇也和业绩挂钩，这点大家都是一样的，没有人有例外和特权。肆意放纵不是爱护员工；严格要求，让他们凭业绩说话才是真正对员工的培养和爱护。只有这样，员工才能更好地成长，企业才能获利。"

每年年终，这家公司总有一些领导和员工因没有完成任务而被降职、减薪，甚至解聘。尤其在公司进入快速发展阶段的那一年，公司实行了更为严格的业绩考核制度。之后不到半年的时间里，有两个跟随总裁多年的副经理因为没有创造出业绩而被公司辞退，有几位基层员工由于业绩斐然而被提拔到了领导岗位。

一个再也明确不过的事实：企业作为一个经济组织，没有了利润就等于人类没有了水，没有了水，再强壮的躯体都难以维持。所以为了使企业能健康地发展下去，就必须让企业产生利润，而产生利润最有效的方法就是让员工创造业绩。

因此，人在职场，应该少一些抱怨，少一些夸耀，埋头创造业绩才能走向成功。所以，想一想如何提高你的工作业绩吧！

正确对待工作中的委屈

有这样一个非常绝妙的比喻，它在给我们带来欢笑之余，也给

了我们很大的启发：企业就如同一棵大树，树上爬满了猴子。站

在树上，往左右看，全都是猴子的耳与目；往下面看，全都是猴子的笑脸；往上看，全都是猴子的屁股。没有人愿意看猴子的屁股，大家都愿意看到更多的笑脸，所以就只能加油向更高的地方爬去。

不过，就像大树一样，在企业里，越往高处，能让我们栖息的地方就越少。所以，我们中的绝大部分人或许一辈子只能待在企业基层。若遇到苛刻或者脾气暴躁的老板或领导，还会时常挨训受气。所以，我们一定要记住一句话：人在职场，要做好被别人无缘无故地训斥的心理准备。

要知道，职场可不比你在家里。在家里，你可以随心所欲，家里人还得哄着你。所以，我们经常有一些年轻气盛的朋友在公司受了一丁点委屈，就想不开、闹情绪，甚至辞职走人。对于这样的朋友，我们钦佩他们的傲气，但也着实为他们的忍耐力感到担忧。

一位职场老将的话非常有道理："很多当时觉得过不去的关、咽不下的气，事后冷静想想，似乎也没有那么让人承受不了。挺一挺，不就过去了吗？你是在外边工作，而不是当小宝贝。"

每个人本心都喜欢听赞扬的话而讨厌被责骂。倘若领导因为公司最近生意不好或其他什么原因，而对你态度不好，你也不能把不满的情绪表现在脸上，而要表现得不卑不亢。因为不卑不亢的表现能让你看上去更有自信，更让人敬重。

那些职场的老手告诉我们，应该学做"变压器"和"陀螺"。

有一次，某人去拜访一位在一家大企业担任部门领导的顾客。当时正值那位领导在训斥自己的员工，问其火气为何这么大，该领导说出了他的难处："当下属的行事与公司宗旨相违背时，若不进行批评指正、放任自流，那就是领导的失职。"为了公司的利益，他只能这样，否则到时候受罚的将是两个人。

其实，在日常工作中，谁没有被上层领导责骂的时候呢？假如我们只局限于自己的立场想事情，就会觉得领导凭什么老揪着一件事不放，是不是对我们有意见。这种想法不仅无益于纠正我们的错误，还会让我们形成抵触情绪，在工作中与领导产生隔阂。如果我们换个角度，真正地站在领导的立场想一想：假如我是上司，我会以什么样的姿态对待他们呢？可以失去原则、任其而为、姑息迁就吗？很明显，这根本就不可能！如此一想，我们内心的不平衡似乎也能平复了。

大家都知道，"变压器"和"气球"有一个明显的区别："变压器"可以通过自我调节控制自己的电压，"兵来将挡，水来土掩"；而"气球"在被充气的时候，只知道积聚而不知道释放，最后往往因为充得太满而爆炸。

我们必须明白：因为每个上司的工作方法、道德修养等都不一样，如此，在面对相同的问题时他们的反应就会不一样。不过，作为下属，我们无法左右上司的态度与做法。因此，我们要看到领导的最终目的是为了工作、为了大局、为了避免不良影响或者避免造成更大的损失，就算态度强硬一点、话语过激一点、方式欠妥一些，我们也要尽量理解上司的难处；相反，假如我们不冷静反省并检讨自身的错误，而是一直纠缠于上级的批评方式是不是正确，甚至脾气一上来就和领导大吵，这样只会激化矛盾，对自己以后的发展也是相当不好的。

一个心理健康的人在面对不快时，可以如同"变压器"般调控好自己的情绪，通过积极的自我调整使自己重新处于一种对工作的热情之中。相反，那些性格内向、自尊心太强、敏感多疑、对挫折承受力低的人，因为太过看重这个问题，常常与领导大吵大闹或不停抱怨，最后，意志趋于消沉。"气球"型员工就是其中的一种极端，他们常常"一点就炸"，和领导针锋相对，这样难免会让领导对他们有成见。还有的人面对工作中的委屈只会消极忍受，导致负面情绪长时间地积聚而无处释放，对身体产生不小的伤害。

我们提倡职场中人要学会做受打击愈多而转得愈欢的"陀螺"，即把职场的打击和挑战当作动力。比如，我们可以将批评与责难看成一次接受教训与磨炼意志的机会，将挫折与苦难当作一笔宝贵的财富。

甘心做小事，终能成大事

有一个三块钟表的故事：

一块新组装好的钟表放在了两块旧钟表当中。两块旧钟表"嘀嗒""嘀嗒"一分一秒地走着。

其中一块旧钟表对新钟表说："来吧，你也该工作了。可是我有点担心，要你走完三千一百五十万次恐怕吃不消。"

"天哪！三千一百五十万次。"新钟表吃惊不已，"要我做这么大的事？办不到，办不到。"

另一块旧钟表说："别听它胡说八道。不用害怕，你只要每秒'嘀嗒'摆一下就行了。"

"天下哪有这样简单的事情。"新钟表将信将疑，"如果是这样，我就试试吧。"

新钟表很轻松地每秒钟"嘀嗒"摆一下，不知不觉中，一年过去了，它已经摆了三千一百五十多万次。

每个人都有梦想，都希望终有一日能够取得成功，但如果只是怀揣梦想而不愿从一件件小事做起，那么梦想也只能是空中楼阁而已。

"合抱之木，生于毫末。九层之台，起于累土"，生活中的大事都是由小事构成的，即使让你修建万里长城，也得一块砖一块砖地垒。正所谓：一屋不扫，何以扫天下？做不了小事，又如何做得了大事呢？小事都做不好，别人又岂会相信你具备做大事的能力呢？又岂会把担当重任的机会给你呢？

无论多小的事情，我们都要全力以赴地去做，这样才会使自己得到成长。一个推销员，如果希望有一天能当业务经理，首要条件是把推销员的工作做得有声有色，才有希望获得经理职位。一个操作机器的工人，他只要能把时间全部用在机器上，了解它的性能，甚至能提出机器换代升级的有效建议等，那么他终将会有所回报。如果对于他使用了几年的机器，他除了会操作之外，一点儿都不了解，升职和加薪就很难与他有缘。

一家著名的国际贸易公司高薪招聘业务人员。在众多应聘者中，有一位年轻人条件最好。他不仅毕业于名牌大学，还有 3 年专业外贸公司的工作经验。因此，当他面对主考官的时候显得非常自信。

"你原来在外贸公司做什么工作？"主考官问道。

"做花椒贸易。"年轻人回答。

"以前国内的花椒销路非常好，可是最近几年国外客商却不要了。你知道为什么吗？"

"因为花椒质量不好。"

"你知道为什么不好吗？"

年轻人想了想，说道："一定是农民在采摘花椒的时候不细心。"

主考官看了看他，说："你错了。我去过花椒产地，采摘花椒的最佳时机只有一个月。太早了，花椒还没有成熟；太晚了，花椒在树上就已经爆裂了。所以要注意花椒采摘时机。花椒采好后，要在太阳下暴晒，如果晒不好，就不能称之为上品了。近几年，许多农民图省事，把采摘好的花椒放在热炕上烘干。这样烘出来的花椒虽然从颜色上看起来和晒过的花椒差不多，但是味道就相差很远了。一个好的业务员要重视工作中的各个细节。"

这件事恰恰说明，要注重工作中的每一件事、每一个细节。正是那些小事和细节成就了一个又一个出色而又成功的人。

成功学大师卡耐基说："一个不注意小事情的人，永远不会成就大事业。"

工作中每一个微不足道的小事都可能会影响你的业绩，使公司遭受损失。因此，不要小看小事，不要讨厌小事，只要有益于我们的工作和事业，我们都应该 100％地投入，不管是做大事还是做小事，都要全力以赴。

不能做小事的人，做不成大事。只有甘心做小事，懂得从小事慢慢积累起来，才能为做大事打下基础。所有的成功者也同我们一样，每天都在面对各种小事，区别在于他们从不认为自己所做的仅仅是简单的小事。

在工作中，你能不能从基层做起，从微不足道的小事做起，踏踏实实，一步一个脚印，把最简单的小事做到最好呢？即使你现在从事的是前台接待工作，而你想从事的是客户服务工作，那么也请你先把前台工作做好。如果你对客服工作有兴趣，也自信有能力把它做好，你可以向上级提出申请，但千万不要忘了做好你手头的工作。

你是否对小事感到厌倦，觉得毫无意义而提不起精神？你是否因事小而敷衍应付，心里有了懈怠情绪？请转变你的态度，因为要成就一件大事，必须从小事做起。

关注小事，把小事做细、做透，这是做人的基本素质。不要小看任何一件小事，没有人可以一步登天。当你认真对待每一件事时，你会发现自己的人生道路越走越宽广，成功的机遇也越来越多。

只做表面工作，有百害而无一利

原中粮集团董事长宁高宁在《为什么：企业人思考笔记》一书中提到自己亲身经历的一件事。

宁高宁有一次出差，接待方很热情。来接站的是两辆奔驰车，车牌号分别是 888 和 688。坐进车里一聊，才知道这家企业的经营已经很困难了。宁高宁在书中写道："当然，这家企业想做好的愿望是毫无疑问的，不然就不会把好的车牌号都搜罗了来。车牌挂在外面，人人都看得见，这不仅是他们对外在形象、社会地位的重视，而且表达了他们的美好愿望和做好生意的决心。可是企业怎么就出问题了呢？出了问题后，大家都很奇怪：这个企业不是挺好的吗，怎么就突然不行了？"

这个故事讲的就是只重视表面工作的害处。选一个好的车牌照只是表面工作，更重要的还是公司的发展战略和经营管理。只重视表面工作，不仅浪费"表演者"的精力和财力，而且掩盖了问题，加大了管理者考核和管理员工的成本，对公司发展有百害而无一利。

在一些企业，表面工作似乎成了一种流行的通病。要去除浮躁，把注意力从注重表面工作转移到重视实际效果、实际效益上来。我们以开会为例，同样是开会，浮躁的人和认真的人效率是不一样的。

美国有一本厚厚的开会规则——《罗伯特议事规则》。《罗伯特议事规则》的内容非常详细，包罗万象：有专门讲主持会议主席的规则，有针对会议秘书的规则，当然更多的是有关普通与会者的规则，有针对不同意见的提出和表达的规则，有关辩论的规则，还有非常重要的、不同情况下的表决规则。

有一些规则背后的逻辑原则也很有意思。比如，有关动议、附议、反对和表决的一些规则是为了避免争执。如果一个人对某动议有不同意见，怎么办呢？首先他必须想到的是，按照规则他是不是还有发言时间以及什么时候发言。其次，当他表达自己的不同意见时，要跟会议主持者说话，而不是跟意见不同的对手说话。在不同意见的对手之间你来我往的对话，是规则所禁止的。

议事规则这样的技术细节是十分必要的，否则，发生分歧就肯定会互不相让，各持己见，争吵得不亦乐乎，很可能永远不能达成统一的决议，什么事也办不成。即使能够得出可行的结果，效率也十分低下。《罗伯特议事规则》能够有条不紊地让各种意见得以表达，用规则来压制各自内心私利膨胀的冲动，求同存异，然后按照规则表决。这种规则及其操作程序，既保障了民主，也保障了效率。

王符在《潜夫论》中说过："大人不华，君子务实。"在工作中，我们要坚决消除官僚主义和形式主义，不做表面功夫，要倡导实干精神，追求求真务实的作风。

工作不仅要"身入"，更要"心入"

工作中只有用心，才能发现问题；也只有用心，才能做出成果。然而浮躁者往往只能"身入"而不能"心入"，就像井里的葫芦，看起来沉下去了，实际上还浮在水面上。在工作中要做到"心入"，要有一股一抓到底的狠劲和百折不挠的韧劲，不解决问题不罢休，不出成果不撒手。

袁隆平被誉为"杂交水稻之父"，2009 年当选为"新中国成立以来最具影响劳模"之一。是什么促使这位杂交水稻专家不断走向成功呢？可以说，严谨认真的工作精神是他成功不可或缺的因素。

1953 年夏，袁隆平结束了大学学习生活，被分配到湖南省偏僻的安江农校任教，开始了他长达近 19 年的教学生涯。教普通植物学时，他下苦功，从构成植物的最小单位——细胞的构造开始，对植物的根、茎、叶、花、果等外部形态，植物的生物学特性，及其遗传特性等，进行系统的学习研究。为了在显微镜下观察细胞壁、细胞质、细胞核的微观构造，他刻苦磨炼徒手切片技术，几百次、上千次，一直到能在显微镜下得到满意的观察结果为止。

备课时，他经常提出各种问题自考自答。为此，他走出课堂，来到田间地头，从实践中找答案。他深有体会地说："即使浅显的问题，如果教师本身钻得不深不透，也不可能把课讲好！"

在水稻研究方面，袁隆平的要求更是一丝不苟。跟随他 40 年的助手尹华奇举了个小例子：一组几粒种子如果要播成两排，怎么播呢？要是偶数好办，平均分布；如果是奇数，多出的一粒种子，袁隆平要求不可以放在左边也不可以放在右边，一定要在中间，以保证密度一致，缩小实验误差，以达到实验结果的去伪存真。尹华奇说，袁老师不仅这么要求，还要检查。一年做一万多组，每一组的要求都极其严格。

1971 年，袁隆平调到湖南省农业科学院杂交稻研究协作组工作。经过不断探索，杂交水稻研究取得突破性成果，将水稻亩产从 300 公斤提高到了 800 公斤，并推广 2.3 亿多亩，增产 200 多亿公

斤。这些成就不能不归功于袁隆平及其团队具有的精益求精、严谨认真的工作精神。

袁隆平院士为中国、为人类作出的巨大贡献，与他严谨认真的治学精神是分不开的。他不仅一心扑在学术研究上，还深入田间地头，反复试验，身心并用，数十年如一日。在袁隆平院士的身上我们看不出一点浮躁和马虎的影子。"板凳能坐十年冷，文章不写半句空"，身在职场中的我们，也应当拒绝浮躁，像袁隆平院士一样认真投入地对待我们的工作。

坚守信仰，找回失落的"工作情怀"

无论是经营企业还是人生，我们都需要有信仰和追求。

有人说过，如果我们始终想着如何用自己提供的产品和服务来满足全世界人民的需求，那么我们民族工业的发展迟早有一天会如日中天。

正是有了这种追求，才有了海尔、联想和华为这些优秀民族企业的诞生。

张瑞敏为海尔集团提出的最响亮的口号之一是"海尔中国造"。这个口号为中国企业的品牌发展翻开了光辉的一页。

张瑞敏说："1984年，我第一次走出国门，一位德国朋友对我说，在德国市场上，最畅销的中国货就是烟花、爆竹。对我来讲，听了这句话之后有一种心里在流血的感觉。难道中国人只能永远靠祖先的四大发明过日子吗？那时候我就有一个梦想：有一天，由我造出来的产品能在德国市场上畅销，能在世界市场上畅销……"

同样，联想公司也拥有自己的口号："扛振兴民族计算机工业大旗，以振兴民族工业为己任"。

联想公司总裁柳传志一直认为，他们这代人身上存在着一种在青年时代形成的理想，那就是为中华民族的复兴而发愤图强。

同样，华为集团也是民族企业的优秀代表。可以说，没有使命感就不会有华为这个技术型公司。1988年，任正非从部队转业，以2万元注册资本创办深圳华为技术有限公司，主营电信设备。他创业的原因是：只有技术自立，才是根本，没有自己的科技支撑体系，工业独立就是一句空话。

使命感贯穿了华为的发展史，这在任正非创业十多年后写的《致新员工书》中可见一斑："公司要求每一个员工，要热爱自己的祖国，热爱我们这个多灾多难、刚刚开始振兴的民族。只有背负着民族的希望，才能进行艰苦的搏击，而无怨言。我们总有一天，会在世界舞台上，占据一席之地。"

与《致新员工书》的精神相对应，任正非只选拔那些有敬业精神、有献身精神、有责任心和使命感的员工进入干部队伍。正是靠着实业报国的信念，任正非让华为从一个小公司成长为中国通讯业的航母。

企业家最初创业的信念以及之后形成的经营理念，往往会融入企业文化，成为其中最鲜明、最有号召力的精神力量。企业家的信念最终会化为企业内每名员工的信念和行为，成为大家共同的信仰，为企业的成功带来巨大的推动力。海尔、联想和华为的成功就是这样。

与许多企业相比，海尔员工充满了工作的激情，就连发明创造的热情都比其他企业要强很多。海尔技术中心部的张汉奇博士到海尔工作后，谢绝了许多外企的高薪聘请。他是这样解释的："因为有了信仰，所以在海尔我能看到民族工业的明天，我为自己是一个海尔人而自豪。"

信仰的力量是无穷的，有了信仰，才有了精神的寄托和追求，才有了巨大的勇气和不竭的动力。没有精神追求的人，很容易沦为物质的奴隶，也难以取得成功。

一个只有金钱而没有崇高思想的社会是会崩溃的。同样，一个只注重金钱而轻视信仰和精神力量的企业也难以有长远的发展。对于企业来说，需要有自己的理想愿景和发展目标；对于我们个人而言，要有自己的工作信仰和精神追求。只有这样，面对困难我们才能够奋勇向前，面对诱惑我们才能够恪尽职守，面对阻力我们才能够锐意进取。只有这样，我们才能够团结在一起，为了美好的明天而共同努力。

Part

8

心静了，幸福就来了

多给对方一些谅解

　　心理学大师卡耐基提出，应对狂躁暴动，谅解是最有效的手段。在与我们相识的人中，很多人都渴望得到谅解，那么请你不要吝啬，多给他们一些谅解，你将收获他们对你的爱与尊重。

　　如果你想用一句话阻止争吵，营造温馨融洽的气氛，那不妨尝试这样说："我非常理解你的感受，如果换作是我，我的想法肯定和你现在一模一样。"

就这样简单平常的一句话，能在第一时间让对方的暴躁情绪平复下来，让对方能感受到你的理解与体谅，让场面不再充满"火药味"。

一个人的性格脾气是多方面的因素共同作用造成的。所以，某个人心胸狭窄、斤斤计较、小气吝啬，那不全是他一个人的过错。我们应该理解他，尊重他。

佳衣·满古在一家电梯公司做业务员，吐萨市最好的旅馆的电梯维修工作就由他们负责。旅馆经理决定维修电梯的时候，为了把影响降到最小，只允许电梯停运最多两个小时。但是每一次电梯维修至少要耗时八小时，并且旅馆认为方便停运电梯的时间，维修公司却不一定恰好就有技术人员闲着。

满古先生决定和旅馆经理沟通一下这个问题，他想安排最好的电梯维修工一次做好维修工作。

当他和经理沟通时，他并没有和旅馆经理争吵，而是心平气和地说："瑞克，你提出尽量减少电梯停开的时间，我非常理解你的初衷和想法，我也会尽量配合你的要求。但是经过检查，你们的电梯确实需要维修，不然电梯可能会进一步损坏，那个时候停运的时间就不好控制了，我想，给客人带来接连好几天的不便肯定不是你的本意。"

就这样，经理同意电梯停开八小时进行集中维修。

满古先生正是站在旅馆经理的角度考虑，使经理很快接受了他的请求。可见，当我们与人相处的时候，尝试站在他人的立场多去理解他人，就能使双方的沟通和交流更容易。

　　很多时候，面对自己不理解的事情我们会非常生气，但是如果我们能设身处地地为对方着想，带着理解和尊重的心情看问题，就会恍然大悟，发现原来让我们愤愤不平的事情，其实也不是像想象中的那么难以接受。

爱的精髓是宽容

　　每个人对于幸福都有着自己的理解。幸福是衣食无忧、安逸平静的生活；幸福是能够实现自己的目标；幸福是拥有甜蜜的爱情；幸福是能顺利完成自己的本职工作；幸福就是拥有一些熟悉的、不需客套的朋友，能够相互分担烦恼、分享快乐；幸福就是在一个环境优美、舒适的地方工作，书架上列满各式各样自己喜欢的、有益的书，可以将自己喜欢的文具都放

入笔筒中，在办公桌的四周有绿色植物芳香围绕，还有一把坐再久都觉得舒适的座椅；幸福就是冬天泡个热水澡，在炎热的夏日与亲朋好友坐在一起品尝冰西瓜；幸福是拥有相互了解、相互支持的人生伴侣，使整个身心都拥有安逸宁静……是啊，幸福所涵盖的内容太多了，它包括物质、精神的方方面面。幸福是十分简单的，只要有一杯清茶或片刻的愉悦心情，就可以让我们感受到幸福了。

有这样一个故事：

男孩和女孩吵架，女孩一气之下赌气说要分手，于是她开始写分手信。第一封写道："我们分开吧，从今以后我都不想再见到你了！"没过两分钟，她觉得不妥，撕了重新又写："其实，我觉得我们现在还是不要联系比较好。"过了一会儿，她把这封信又撕了，开始写道："我很想你，我们不要再吵架了！明天你能不能来？"

相爱本来就是互相磨合、体谅的过程，对自己的爱人，做一些让步又有什么不可以的呢？要相信，真心的付出总会有回报！

抱怨抓不紧，不如给对方自由

美好的爱情大家都向往，但是现实总是不尽如人意。当一段爱情让双方都陷入痛苦绝望时，只有双方都勇敢地走出来，才能拯救自己。

人生本来就是瞬息万变的，要懂得珍惜，也要懂得放弃；该哭就哭，该笑就笑；该出手时就要果断地出手，该放弃的时候也不要有任何犹豫……就算你种下的种子没有开花结果，就算你的努力并没有结果，但你曾经拥有过，也就不会遗憾了。

是的，朋友和家庭的陪伴让我们不再孤独，不再没有安全感。很多情况下，曾经相爱的两个人，如今已经不再爱对方，但是因不想陷入孤单寂寞，就选择痛苦地纠缠在一起，这是十分不理智的，因为这样只会让彼此都很难过。

所以，当你和爱人在一起已经是痛苦多于快乐的时候，你就该毫不犹豫地放手。因为这时候只有果断地放弃，才有机会拥抱接下来的幸福。

一位丈夫曾八次向妻子提出离婚，但是妻子就是死撑着不放手。即便闹上了法庭，依旧是女方胜诉。于是他们就这样耗了 29 年。漫长的 29 年时光，妻子从少妇变得两鬓斑白，原本红润的脸颊也变得蜡黄了，脸上留下了岁月的痕迹，她早已身心俱疲。

因为一直没能离婚，他们维持着表面上的婚姻关系，但是没有爱情的婚姻是没有生命力的。妻子耗尽了自己的青春，换来了一身的疾病和心灵的创伤，也让自己没有机会重新寻找爱情，他们的孩子也总是不开心。

多么不幸的妇女，但是她的不幸更多是因为她不懂得放手造成的。当她知道丈夫已不愿意继续这样的婚姻后，她依然拽着不放，坚持不和丈夫离婚，既折磨自己又折磨丈夫。这个故事说明了一个道理：放弃也是爱的另外一种方式。越害怕失去，反而越容易失去。当你试图牢牢捆住对你没有爱的对方时，你就已经陷入了漫长的痛苦之中。其实，此时最应该做的是给彼此自由的空间。生活需要自由，爱也需要自由。

即使是再相爱的两个人，也应该拥有属于自己的空间，能去做自己喜欢做的事情。例如，他喜欢集邮或收藏，在你看来似乎有些不可理喻，但是你不能因此就阻碍或禁止他做这些事情，你要学会尊重他的爱好。

很多时候爱人是需要有自己的空间去做自己喜欢的事情的，因为这能让他觉得自己是有自由的。我们不能用爱的名义给爱人设置一个锁链，让他没有自由。我们应该给予爱人一定的支持和理解，鼓励他做自己喜欢的事情，让他自由地享受，这样才能更好地维系双方的感情。

我们可以确定，真爱不会受到时间和空间的阻隔。因此，夫妻二人除了关爱对方，更需要保持一定的距离，给彼此自由的空间。在这个空间里，你们可以彰显自己的个性，发掘自己的兴趣，保留心中的隐私……不要什么时候都黏着对方。如果对方决定离开也不要勉强挽留，不要苛求对方眼中只看到你一人，一切顺其自然就好。

没有堤坝的河流，迟早会干涸

小丽和丈夫携手走过了十年的婚姻生活。丈夫天生就不懂浪漫是什么，情人节没有玫瑰，生日没有礼物，更不会哄妻子开心，但是丈夫非常清楚家庭的含义和责任，所以他们的婚姻也许不够浪漫，但依然幸福。

一位作家说："如果将婚姻比作河流，那么堤坝就是责任筑成的。如果婚姻中没有了责任这个堤坝，迟早有一天会干枯，会断流。"

　　婚姻的责任就是在每天的相处中慢慢地将两颗心结合在一起变成同心；家庭的含义就是为对方着想，让对方过着幸福健康快乐的生活。无论贫穷还是富有，都不离不弃，相濡以沫。对方微笑你也开心，对方难过你也哭泣，这样的爱才是真正意义上的爱情。

　　无论是爱情还是婚姻，一定是两方面的，不是一方奉献，一方只索取。当一方遇到困难或不幸的时候，双方携手并进，互相扶持，共渡难关，这才是爱情和婚姻。不管是困难或辛苦，还是幸福或快乐，当你们携手组建家庭，就应该共同经历。

　　爱的意义是奉献与理解，当你们选择步入婚姻殿堂，共同组建家庭的时候，就注定祸福与共。家庭最重要的支柱就是责任，责任是维持婚姻的动力。请记住：责任不是某一方的，而是双方的。

　　不论何时，夫妻双方都应该做到相知相守，互相尊重，彼此理解，共同承担家庭的支柱——责任。唯有共同承担、同舟共济，才能共同经营幸福的家庭，才能共同享受幸福的喜悦和温馨。

懂得欣赏你的爱人

要学会欣赏你的爱人，这样你们之间的爱才会历久弥新。

有一位画家运用色彩的能力超乎寻常，他的作品也极富生命气息，这是其他画家难以企及的。周围但凡见过他的画的人，无不被他的作品所折服。

的确，他的绘画技术堪称一绝。他的每一幅作品都给人身临其境、栩栩如生的感觉。他的山水画会让人产生"人在画中游"的感觉。在他画上出现的人物，那就是一个个有生命的个体。

一天，这位画家遇到了一位让他一见钟情、倾慕不已的美丽女士。在和她交谈之后，画家更加倾心于她。他对女士频献殷勤，无微不至地关心她。后来，他终于娶到了这位美丽的女士。

但是二人结婚没多长时间，女人便发现原来画家对她的倾慕不是爱情，因为当画家欣赏她的时候，就像眼前站的不是自己的爱人，而是一件美丽的艺术品。很快，画家就想将妻子的美展现在画布上。妻子很配合丈夫，每天在画室一坐就是一天，从来没有一点抱怨。时间一天天过去了，她总是任由丈夫指挥和安排，因为她深爱着自己的丈夫。

很多时候，她想对丈夫说："不要再把我当成艺术品了，好吗？我是有血有肉的人！"但是她还是勉强忍住了，她只说丈夫喜欢听的、与绘画有关的话，好让他开心。画家作画的时候充满激情，有的时候又会沉默不语。当他将注意力放在画上时，眼中就看不到其他的事物。他从来不知道，眼前的人虽然总是面带微笑，但是生命正在一点点地耗尽，身心正饱受煎熬。

终于要大功告成了，画家的作画热情也逐渐到了高潮。他只会偶尔将目光转移到妻子身上。但其实只要他稍微留心一些，就能看到妻子的脸颊一天比一天苍白，嘴边的笑容也一点点地在消失，原本脸上的红润和微笑都只出现在他的画布上了。

就这样又过了几个星期，画家已经在做最后的调整了。他在画布上将画像的嘴角轻轻地抹一下，眼睛周围的色彩便显得更亮了一些。

妻子知道这幅画就要完成了，她也跟着精神振奋起来。最后收笔的时候，画家简直兴奋得快要发疯了！看到自己精心雕琢的艺术品，他难以抑制心中的激动。他凝视着自己的作品，难以抑制心中的喜悦，忍不住喊了起来："生命真伟大！"这时候他想听听妻子的赞美，却没发现妻子已经倒下了。

这个画家的人生是悲哀的，美丽温柔的妻子在他面前，他却不会欣赏。他甚至没有意识到自己丈夫的角色，只是以职业的眼光把妻子当成艺术品欣赏，但妻子是有生命的个体，丈夫的爱、理解、尊重才是她最需要的。

婚姻生活中，应懂得欣赏你的爱人。当妻子展现出女性的柔美时，你就欣赏她的柔情；当她对你无微不至的关心时，你要赞美她的体贴；当她包容你的错误时，你要对她的雍容大度表示赞美……当然，妻子也要懂得欣赏自己的丈夫，包括他的风趣幽默，他的勇敢担当，他的能力智慧……

一件小事就能让我们学到欣赏的真谛所在。

小孩拿着糖来到父亲面前，非常自信地说："爸爸，我敢保证你没吃过这么甜的糖。"父亲尝试着剥了一颗，哇，这是什么糖呀，怎么这么酸！父亲把糖吐了出来。母亲很好奇，特意尝了一颗，她坚持了20秒，终于因酸涩难耐吐了出来。儿子显得非常失望。为了儿子，妻子和丈夫又进行了尝试。这次他们无论如何也要忍住，大约在一分钟之后，他们终于品尝到了甜甜的味道。

这时，他们才注意到糖的包装袋上这样写着：这就看你人生的毅力如何了？10秒坚持住！20秒滋味强劲！30秒你的感受我们知道，40 秒奥秘显现，50 秒你将尝到成功的滋味！

夫妻之间的欣赏也是这样的道理，在经历一堆琐碎复杂的事情之后，想想对方的好，懂得欣赏对方的好，你就能收获幸福与快乐。